Johan Olsen, geboren 1969, ist ein dänischer Rockmusiker und promovierter Biologe. An der Universität Kopenhagen erforscht er die molekulare Struktur von Proteinen. Der leidenschaftliche Naturwissenschaftler hat bereits im dänischen Fernsehen eine Wissensserie moderiert.

Dieses Buch ist erhältlich als:
ISBN 978-3-407-75468-4 Print
ISBN 978-3-407-74979-6 E-Book (EPUB)

© 2019 Beltz & Gelberg
in der Verlagsgruppe Beltz · Weinheim Basel
Werderstraße 10, 69469 Weinheim
Alle deutschsprachigen Rechte vorbehalten
© Johan Olsen and JP/Politikens Hus A/S 2017
in agreement with Politiken Literary Agency
Übersetzung: Inge Wehrmann
Illustration: Lara Paulussen
Lektorat: Matthea Dörrich
Neue Rechtschreibung
Einbandgestaltung: Lara Paulussen
Herstellung: Elisabeth Werner
Satz: Lina Oberdorfer
Druck und Bindung: Beltz Grafische Betriebe, Bad Langensalza
Beltz Grafische Betriebe ist ein klimaneutrales Unternehmen
(ID 15985-2104-100).
Printed in Germany
4 5   24 23

Weitere Informationen zu unseren Autor:innen und Titeln
finden Sie unter: www.beltz.de

Johan Olsen

Die Entwicklung des Lebens
vom Urknall bis zu dir

Aus dem Dänischen von Inge Wehrmann

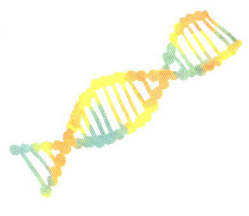

Inhalt

Einleitung 9

1. Was braucht man, um eine Welt zu erschaffen? 10

2. Die Atome 16

2.1 Würstchen, Eimer und Energie 19   2.2 Die Elemente werden von einem Russen sortiert 22

3. Der Anfang von allem 24

3.1 Der Urknall 26   3.2 Die Geburt der Atome 26
3.3 Die ersten Sterne beginnen zu leuchten 27

4. Die Sonne 30

4.1 Wie die Sonne geboren wurde 32
4.2 Die Sonne von innen 34

5. Die Erde 36

5.1 Ein Astronaut spielt mit Salz 38
5.2 Glut und Feuer 40

6. Das Universum 42

6.1 Die Größe 44   6.2 Die Ausdehnung 45
6.3 Der Aufbau 47

7. Quantenmechanik 54

7.1 Licht und Atome, Wellen und Teilchen 56
7.2 Verschränkte Zwillinge 61

8. Relativitätstheorie   64
8.1 Lichtgeschwindigkeit c und die spezielle Relativitätstheorie   67
8.2 Schwerkraft und die allgemeine Relativitätstheorie   70

9. Das Leben   76
9.1 Das erste Leben   78   9.2 Drei große Gruppen   81
9.3 Evolution   83   9.4 Der Anfang   86
9.5 Leben an Land   87   9.6 Dreilapper   91
9.7 Dinosaurier   93   9.8 Vögel   101
9.9 Säugetiere   105
9.10 Die Organismen werden von einem Schweden sortiert   109

10. Der Mensch   112
10.1 Die Evolution des Menschen   115
10.2 Homo sapiens   118   10.3 Du   120
10.4 Leben auf anderen Planeten   121

11. Die Moleküle des Lebens   124
11.1 Proteine   126   11.2 DNA   129

12. Die Wirklichkeit   132

Einleitung

Was magst du lieber, Geschichten über Steine oder über irgendetwas Lebendiges? Die meisten, die ich kenne, würden sich für etwas Lebendiges entscheiden.

Magst du lieber Geschichten über Pflanzen oder über Tiere? Die meisten, die ich kenne, würden lieber Geschichten über Tiere hören. Am liebsten über Menschen. Am allerliebsten über sich selbst.

Anscheinend glauben wir Menschen, dass die ganze Welt nur auf uns gewartet hat. Dass all das, was vor uns passierte, eine einzige lange Reise war, deren Ziel wir selbst sind.

Vielleicht, weil wir bei allen anderen Erklärungsversuchen das unangenehme Gefühl haben, dass alles einfach nur kommt und geht und deshalb eigentlich sinnlos ist.

Doch so ist es nicht. Wir Menschen sind die ersten Lebewesen, die wissen, dass wir eine Art unter vielen anderen sind. Und die Ersten, die über unseren Platz in der Welt und den Sinn unseres Lebens nachdenken. Und aus diesem Grund ist unser Leben eben nicht sinnlos, sondern sinnerfüllt und voller Hausaufgaben und Liebe und Leberwurstbrote und Einsamkeit und Angry Birds (ein völlig sinnfreies Handyspiel, bei dem man mit Vögeln auf Schweine schießt).

Das Buch, das du in der Hand hältst, beschreibt, wie alles begann und nach und nach zu der Welt wurde, in der wir heute leben. Es handelt also von Steinen, Atomen, Sahnetorten, dir und mir und von Eichhörnchen und Dinosauriern.

1. Kapitel

Was braucht man, um eine Welt zu erschaffen?

Die Welt besteht unter anderem aus Käse und Bergen, Gänseblümchen und Wolken, Mond und Sonne und deinem Nachbarn. Wenn du ein Haustier namens Rumpel hast, besteht die Welt auch aus Rumpel. Die Welt besteht aus all dem, was wir sehen, anfassen, schmecken und hören können. Sie besteht auch aus vielen Dingen, die wir nicht sehen oder anfassen können. Und wohl auch aus einigen Sachen, die wir noch nicht entdeckt haben. Aber man kann nicht alles, was es gibt, in einem Buch beschreiben. Oder in einer Milliarde Büchern. Doch man kann durchaus beschreiben, woraus alles gemacht ist. Und glücklicherweise sind all die Sachen, die wir sehen und anfassen können, aus relativ wenigen einzelnen Bausteinen gemacht, von denen ich dir gleich erzählen werde.

Die Bausteine nennen wir Atome. Davon gibt es ein paar Hundert verschiedene, von denen du sicher einige kennst. Zum Beispiel Gold und Silber, Eisen und Helium. Helium pumpt man in Luftballons, damit sie schweben, und man kriegt eine ziemlich witzige Stimme, wenn man es einatmet. Wenn ein Glas Wasser vor dir auf dem Tisch steht, kennst du auch Silizium. Das ist der häufigste Grundstoff auf der Welt und Glas besteht zum Großteil aus Silizium.

Das meiste auf unserer Welt besteht aus recht wenigen Arten von Atomen. Es gibt zwar eine Menge verschiedener Atomarten, aber viele sind recht selten. Atome funktionieren ein bisschen wie Legosteine. Sie können sich zusammenfügen, wenn sie zueinander passen. Wenn zwei oder mehrere Atome sich zusammengefügt haben, nennt man das ein Molekül. Wenn du ein Glas Wasser trinkst, trinkst du massenhaft Wassermoleküle. Praktisch mehr Wassermoleküle, als es Sterne im ganzen Universum gibt.

Moleküle sind winzig, winzig klein. Wassermoleküle gehören zu den kleinsten Molekülen, die es gibt.

> Würde man 3,6 Millionen Wassermoleküle in eine Reihe legen, wäre die Reihe einen Millimeter lang. Aber: Würde man alle Wassermoleküle aus einem einzigen Löffel Wasser in eine Reihe legen, würde sie bis zum Mond und zurück reichen, und zwar 200.000-mal! Wassermoleküle sind klein und es gibt sehr, sehr viele davon.

Wassermoleküle bestehen aus zwei Wasserstoffatomen und einem Sauerstoffatom. Die Formel für Wasser schreibt man deshalb so: H_2O. Das Sauerstoffatom ist ein Atom-Legostein mit zwei Noppen. Wasserstoff hat ein Loch. Also können sich zwei Wasserstoffatome mit einem Sauerstoffatom verbinden und H_2O, also Wasser, bilden.

Wir brauchen also Atome, um eine Welt zu schaffen. Als Nächstes brauchen wir Energie. Ohne Energie würden die Atome auseinanderfallen und es gäbe keine Moleküle, Planeten oder Katzen. Und es gäbe auch niemanden, um dieses Buch zu schreiben oder zu lesen. Alles, was etwas verändern kann, nennen wir Energie. Auch das, was Dinge zusammenhält, ist Energie.

Denk an einen Teller. Er kann jahrhundertelang auf einem Tisch oder in einem Schrank stehen, ohne zu zerspringen oder zu zerbröseln. Doch wenn er herunterfällt, zerspringt er in Stücke. Denn wenn der Teller auf dem Boden aufschlägt, wird ihm Energie zugeführt, die größer ist als die Energie, die ihn zusammenhält. Wenn wir die Scherben aufsammeln, liefern wir ihnen Energie, damit sie wieder auf dem Tisch liegen können. Wenn wir sie wieder zusammenkleben, streichen wir Klebstoff auf die Bruchstellen und liefern den Scherben Energie, indem wir sie zusammendrücken. Wenn wir eine Weile gedrückt haben, haben sich die Legosteine des Klebstoffs zu langen, fadenförmigen Molekülen zusammengefügt, die genug Energie haben, um die Scherben zusammenzuhalten.

Es gibt vier Formen von Energie im Universum. Zwei davon nennt man Kernkräfte. Sie sorgen dafür, dass die Atomkerne zusammenhalten. Die dritte nennt man elektromagnetische Kraft. Sie bringt die Atome dazu, sich in Molekülen zu sammeln. Sie gibt uns auch Licht und Wärme und viele andere Dinge. Die vierte ist die Schwerkraft.

Kernkraft ist unter anderem das, was die Sonne zum Scheinen bringt – aber das Licht selbst ist Teil der elektromagnetischen Energie.

Die Schwerkraft bewirkt, dass es überhaupt eine Sonne und Planeten gibt. Und dass die Erde sich um die Sonne dreht. Und dass du dir die Knie aufschlagen kannst, wenn du hinfällst.

Also gut, wie brauchen Atome und Energie, um eine Welt zu erschaffen. Dann können wir ja loslegen. Aber woher kommen die Atome und die Energie?

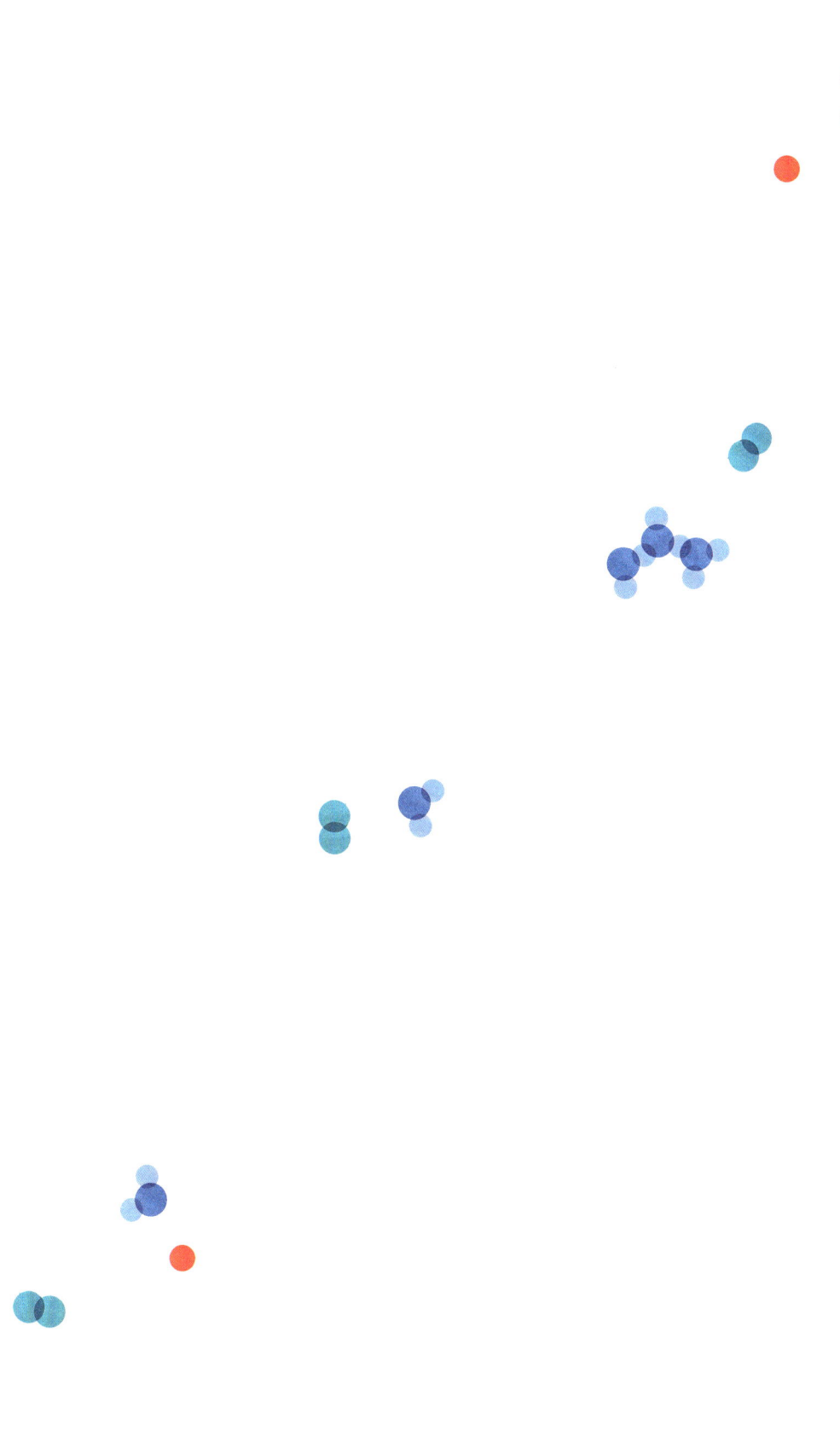

2. Kapitel

Die Atome

Dass es Atome gibt, weiß man seit ungefähr 100 Jahren. Der weltberühmte deutsche Wissenschaftler Albert Einstein konnte beweisen, dass Atome existieren. Und ein Däne namens Niels Bohr fand heraus, wie sie aufgebaut sind. Wenn man Atome verstehen will, muss man viele Jahre studieren und sehr, sehr gut in Mathe sein. Die Welt der Atome ist so merkwürdig und anders als unsere Welt, dass man sie nicht mit Worten oder Bildern beschreiben kann, sondern nur mit Mathematik. Ich will trotzdem versuchen, dir zu erklären, wie du dir ein Atom vorstellen kannst.

Atome bestehen aus einem positiv geladenen Kern (+). Um den Kern herum befinden sich Elektronen, die negativ geladen sind (–).

Man kann sich ein Atom wie ein kleines Sonnensystem vorstellen, mit der Sonne in der Mitte und Planeten, die darum herum kreisen. Wenn ein Planet aus seiner Umlaufbahn um seine Sonne gestoßen wird, dann kehrt er nicht wieder auf seine alte Bahn zurück. Entweder findet er eine neue oder er verlässt sein Sonnensystem für immer.

Bei Atomen ist es ein bisschen anders. Wenn ein Elektron aus seiner Umlaufbahn um den Atomkern geworfen wird, findet es auf genau dieselbe Bahn zurück. Es ist der Platz, an den es gehört. Ja, wenn man unbedingt will, kann man ein Elektron von seinem Atom wegschießen, indem man ihm einen ordentlichen Tritt verpasst. Doch dann kommt ein anderes Elektron und setzt sich auf die freie Umlaufbahn.

2.1 Würstchen, Eimer und Energie

Wenn du eine Wurst in einen Eimer wirfst, kann man ihren Weg verfolgen: von dem Moment an, in dem du sie loslässt, bis zu ihrem Aufprall im Eimer. Du hast der Wurst eine große Menge Energie gegeben, sodass sie eine Weile der Schwerkraft der Erde entgeht. Doch diese Energie wird unterwegs verbraucht, und sie ist aufgebraucht, wenn die Wurst still im Eimer liegt. Du hast der Wurst Bewegungsenergie (oder kinetische Energie) gegeben, die sehr schnell verloren geht.

Auch auf eine andere Art kannst du einer Sache Energie liefern. Nimm die Tasse mit dem Leuchtturm, die du im letzten Urlaub gekauft hast. Wenn du sie vom untersten auf das oberste Regalbrett stellst, hast du ihr Energie zugeführt. Das kannst du testen, indem du eine schöne, dicke Sahnetorte vor dem Regal auf den Fußboden stellst. Zuerst lässt du die Tasse vom untersten Brett auf die Torte fallen. Dann nimmst du eine neue Sahnetorte und lässt die Tasse vom obersten Regalbrett fallen.

Du wirst sehen, dass die Tasse, die vom obersten Brett auf die Torte gefallen ist, eine viel tiefere Kuhle in die Sahne geschlagen hat. Das liegt daran, dass du ihr mehr Energie zugeführt hast, indem du ihre Entfernung zum Erdmittelpunkt vergrößert hast. Dadurch, dass du die Tasse aufs oberste Regalbrett gestellt hast, hast du ihr mehr Lageenergie (auch potenzielle Energie genannt) verliehen. Natürlich kannst du die beiden Sahnetorten mit deiner Familie oder deinen Freunden aufessen, nachdem du die Tiefe der Kuhlen gemessen hast.

Es gibt also, grob gesagt, zwei unterschiedliche Arten von Energie: Lageenergie und Bewegungsenergie.

Wenn man ein Elektron beleuchtet, das sich in der Umlaufbahn eines Atoms befindet, kann man es dazu bringen, auf eine andere Bahn überzuspringen. Man gibt dem Elektron potenzielle Energie, so ähnlich, als würde man eine Tasse auf ein höheres Regalbrett stellen. Doch das Elektron springt wieder zurück auf die Bahn, von der es gekommen ist. Das Elektron verbraucht seine Energie nicht, um eine Kuhle in eine Torte zu schlagen. Die zusätzliche Energie, die das Elektron auf der neuen Bahn besitzt, wird in Form von Licht abgegeben, wenn das Elektron auf die alte Bahn »zurückspringt«.

Kennst du diese Sterne, die man an die Wand kleben kann und die im Dunkeln leuchten? Das Licht, das du im Dunkeln siehst, kommt von Elektronen, die an ihren gewohnten Platz »zurückspringen«, nachdem das Licht von der Sonne oder einer Lampe sie von ihrer Bahn auf eine andere Bahn um ihren Kern geschickt hat. Wenn die Elektronen »zurückspringen«, senden sie also Licht aus.

Das Elektron befindet sich niemals zwischen den Umlaufbahnen der Atome. »Springen« ist also eigentlich kein treffendes Wort. Das Elektron ist einfach plötzlich auf der anderen Bahn. Aber in unserer Welt können wir nicht von einem Ort zum anderen kommen, ohne dass wir unterwegs die ganze Zeit körperlich anwesend sind. Deshalb haben wir kein Wort dafür, von einem Ort zum anderen zu gelangen, ohne uns fortzubewegen. Aus diesem Grund sagen wir »springen«.

Positive Ladungen und negative Ladungen ziehen sich gegenseitig an – ein bisschen wie Magneten. Wenn der Atomkern positiv geladen ist und die Elektronen negativ – warum sausen die Elektronen dann nicht auf direktem Weg in den Kern?

Das liegt daran, dass die Elektronen eine Art Wellen und gleichzeitig Teilchen sind. Und die Wellen können sich um den Kern legen und unterschiedliche Energien haben. Das ist es, was Niels Bohr herausgefunden hat. In Kapitel 7 kannst du mehr darüber lesen.

Das Atom ist magisch. Magisch, weil die physikalischen Gesetze, die im Atom gelten, ganz anders aussehen als die, die wir in unserer Welt beobachten können – obwohl unsere Welt aus magischen Atomen aufgebaut ist! Du findest, das klingt völlig Banane? Da bist du nicht allein. Alle Leute, selbst die größten Atomexperten der Welt, finden es sehr merkwürdig. Aber so ist es nun mal.

2.2 Die Elemente werden von einem Russen sortiert

Die Atome haben also einen positiven Kern und außen um den Kern sitzen die Elektronen wie Wellen mit unterschiedlicher Energie. Wasserstoff ist das leichteste Atom. Es hat ein Elektron und ein positives Teilchen im Kern. Das positive Teilchen nennt man Proton. Das zweitkleinste Atom ist Helium. Es besitzt zwei Elektronen und zwei Protonen.

> Helium ist ein Gas. Man füllt es in Luftballons, um sie in die Luft aufsteigen zu lassen, denn Helium ist leichter als Luft.

Die Atome unterscheiden sich durch die unterschiedliche Protonenanzahl, die sich in ihrem Kern befindet. Protonen, das waren die positiv geladenen Teilchen. Alle Sauerstoffatome im Universum haben acht Protonen. Wenn keine acht Protonen vorhanden sind, ist es kein Sauerstoff.

Die Elemente sind im sogenannten Periodensystem sortiert, das der Russe Dmitri Mendelejew erfunden hat. Als Erstes ordnete er die Atome nach der Anzahl der Protonen im Kern. Nummer 1 ist das Atom mit einem Proton, Wasserstoff. Dann folgt das mit zwei Protonen, Helium, dann das mit drei, Lithium, und so weiter. Die Anzahl der Protonen nennt man Ordnungszahl.

Doch das Periodensystem besteht nicht nur aus einer langen Reihe mit den leichtesten Atomen am einen Ende und den schwersten am anderen. Mendelejew sortierte die Atome auch so, dass die, die übereinander stehen, etwas gemeinsam haben. Ihre Gemeinsamkeit besteht darin, mit welcher Art von Atomen sie sich verbinden oder nicht verbinden können.

> Im Periodensystem hat jedes Element einen eigenen Namen, der mit Buchstaben abgekürzt ist. Wasserstoff steht ganz oben links und hat die Bezeichnung H (Abkürzung des lateinischen Namens *Hydrogenium*). Gold ist Nummer 79 und hat die Bezeichnung Au, die von *Aurum* kommt, dem lateinischen Namen für Gold.

Alles, was wir anfassen können, alle Dinge, alles Leben, alle Sterne und deine Mutter sind aus Atomen entstanden. Aber es gab eine Zeit, als im ganzen Universum kein einziges Atom zu finden war. Das nächste Kapitel handelt davon, wie alles begann.

3. Kapitel

Der Anfang von allem

Vor fast 14 Milliarden Jahren passierte etwas Seltsames. Etwas wirklich Unglaubliches. Da wurde unser ganzes Universum geschaffen. Nichts von all den Sachen um uns herum war da. Nicht einmal der Raum. Und ohne Raum kann es überhaupt nichts geben. Auch keine Zeit.

3.1 Der Urknall

Aber irgendwo im Nirgendwo war ein unendlich kleiner Punkt, der all die Energie enthielt, die nötig war, um unser ganzes Universum zu erschaffen, mit all seinen Galaxien, Imbissbuden, Planeten und Pusteblumen.

Ganz plötzlich explodierte der kleine Punkt. Diese Explosion nennt man Urknall. Das war der Beginn von Zeit und Raum. Der Raum weitete sich aus und war unvorstellbar heiß. Eine Sekunde nach der Explosion hatte das Universum schon einen Durchmesser von einer Milliarde Kilometern und eine Temperatur von 10 Milliarden Grad Celsius.

3.2 Die Geburt der Atome

Nach 380.000 Jahren hatte sich das neugeborene Universum genug abgekühlt, damit Atome entstehen konnten. Die ersten Atome waren die beiden einfachsten und leichtesten Grundstoffe, die es gibt, nämlich Wasserstoff und Helium. Hauptsächlich Wasserstoff. Nun gab es also Masse (Dinge) in Form von Atomen und Energie in Form von Strahlung. Energie kann zu Masse werden und Masse zu Energie.

Albert Einstein entwickelte eine sehr berühmte Formel: $E = m \cdot c^2$. Diese Formel besagt, dass all die Energie, die in jeder x-beliebigen Sache steckt, folgendermaßen errechnet werden kann: Masse der Sache mal Lichtgeschwindigkeit mal Lichtgeschwindigkeit. Wenn man einen Apfel in reine Energie umwandeln könnte, würde er der Energie von 4,3 Millionen Tonnen TNT entsprechen (TNT ist ein Sprengstoff). Und man könnte damit ganz Dänemark fast zwei Monate lang mit Strom versorgen. Mit einem einzigen Apfel.

Das Universum war geboren und dieses neue, »kleine« Universum steckte voller Energie. Als die Temperatur so weit gesunken war, dass sich Atome bilden konnten, wurde ein großer Teil der Energie zu Wasserstoff- und Heliumatomen. Es war stockdunkel, denn es gab noch keine Sterne. Deshalb nennen die Astronomen die erste Zeit nach der Entstehung der Atome *Das dunkle Zeitalter*.

3.3 Die ersten Sterne beginnen zu leuchten

Die ersten Sterne entstanden, als Wasserstoffatome sich zu riesigen, dichten Klumpen sammelten. 100 bis 200 Millionen Jahre nach dem Urknall begannen sie zu leuchten. Damals gab es noch keine Planeten, denn es existierten noch keine Grundstoffe, die schwer genug waren, um einen Planeten zu bilden. Es gab auch niemanden, der das Licht sehen konnte. Erst 13 Milliarden Jahre später tauchten auf der Erde die ersten Tiere auf, die Licht wahrnehmen konnten. Davor gab es also Unmengen von Licht, das niemand gesehen hat.

Im Inneren der Sterne schmolzen die Wasserstoffatome zusammen und wurden zu Helium, dem zweitleichtesten Element. Und wenn das passiert, bleibt etwas Energie in Form von Licht übrig. Das Zusammenschmelzen bringt die Sterne zum Leuchten.

> Wenn man das Licht der Sonne analysiert, kann man sehen, dass die Sonne tatsächlich viel Helium enthält. Helium ist nach dem griechischen Namen der Sonne benannt: *Helios*.

In der Mitte der großen Sterne schmolzen wiederum Heliumatome zusammen und wurden zu schwereren Atomen (wenn du bei den Atomen nicht ganz durchsteigst, schau dir Kapitel 2 an). Die schwereren Atome schmolzen ebenfalls zusammen und wurden zu noch schwereren Atomen. Das führt dazu, dass ein großer Stern irgendwann im Mittelpunkt so schwer wird, dass er einstürzt. Kurz danach explodiert er und zerfällt in riesige Staubwolken. Das nennt man eine Supernova-Explosion. Darüber erfährst du mehr in Kapitel 4.

Aus einer solchen Staubwolke bildeten sich irgendwann die ersten Planeten. Auch die Erde entstand aus Sternenstaub. Und auch wir Menschen sind aus Sternenstaub gemacht. Bis auf Wasserstoff bildeten sich alle Atome in deinem Körper im Mittelpunkt riesiger Sonnen, die vor Milliarden von Jahren explodierten. Jetzt weißt du also, woher die Bausteine unserer Welt kommen.

Niemand weiß, was die Entstehung des Universums ausgelöst hat. Die Theorien über den Anfang von allem reichen nicht weiter zurück als bis zum Urknall.

Denk mal über Folgendes nach: Wenn es vor dem Urknall weder Zeit noch Raum gab – wie konnte es überhaupt zu diesem Ereignis kommen? Das ist eines der größten Rätsel der Naturwissenschaft. Wenn du eine Idee hast, musst du sie unbedingt verraten.

Das nächste Kapitel handelt davon, wie unsere Sonne und unsere Erde und die anderen Planeten entstanden sind.

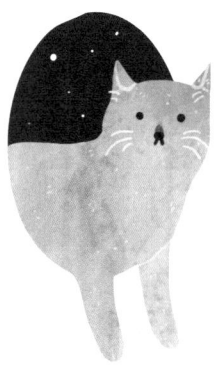

4. Kapitel

Die Sonne

Die Sonne ist ein Stern. Im Vergleich zu anderen Sternen ist sie ein erwachsener, mittelgroßer Stern. Die Sonne schenkt uns Licht, Jahreszeiten, Wind und Wetter. Alles Leben auf der Erde hängt von der Sonne ab. Die Menschen wussten schon immer, dass sie ohne Sonne nicht leben können. Deshalb wurde die Sonne in vielen alten Religionen als Gott verehrt.

4.1 Wie die Sonne geboren wurde

Wenn Sterne ein gewisses Alter erreichen, kann es sein, dass sie explodieren. Wenn ein sehr großer Stern explodiert, nennt man die Explosion eine Supernova.

In der Mitte des Sterns sind die Atome im Laufe der Zeit zu immer größeren Atomen zusammengeschmolzen. Je größer die Atome sind, desto stärker beeinflussen sie ihre Umgebung durch ihre Schwerkraft. Die leichtesten Atome findet man auf der Oberfläche des Sterns und die schwersten in der Mitte.

Meist kommt es zu einer Supernova-Explosion, weil der Kern des Sterns so schwer geworden ist, dass er unter seinem eigenen Gewicht zusammenstürzt. Das klingt vielleicht seltsam, aber es ist ein bisschen so, als würde man mehrere vollgepackte Pappkartons übereinanderstapeln. Irgendwann bricht der unterste Karton durch den Druck von oben zusammen. Genauso werden die schweren Atome im Inneren des Sterns ganz, ganz dicht zusammengequetscht. So dicht, dass die Elektronen in den Atomkern gedrückt werden.

Die Energie, die durch das Zusammendrücken entsteht, kann plötzlich in einer Explosion freigesetzt werden. Als würde man eine Feder zusammendrücken und loslassen.

> Eine Supernova-Explosion ist die stärkste Explosion, die wir kennen. Sie ist so gewaltig, dass sie einen Lichtblitz erzeugt, der heller sein kann als das Licht von sämtlichen Sternen der Galaxie, in der der Stern zu Hause war. Heller als 100 Milliarden Sonnen!

Aus den Überresten nach der Explosion werden neue Sterne geboren. Und so ist auch unser Sonnensystem entstanden. Aus den Überresten einer Supernova-Explosion.

Wenn eine Kugel aus Wasserstoffgas eine bestimmte Größe erreicht hat, wird sie heiß und schwer. So heiß und schwer, dass die Wasserstoffatome beginnen zusammenzuschmelzen. In Kapitel 2 habe ich von den verschiedenen Formen von Kräften und Energien erzählt, die es gibt. Im Inneren eines Sterns kämpfen sie gegeneinander. Die elektromagnetische Kraft hält die Atome auf Abstand und die Kernkraft sorgt für die Stabilität der Atomkerne. Doch die Schwerkraft ist hier so gewaltig, dass die Atome zu extrem hohen Temperaturen aufgeheizt werden. Sie werden so stark erhitzt, dass sie beginnen, miteinander zu verschmelzen, und es entstehen neue, größere Atomkerne. Wenn das geschieht, fangen die Atome an, Licht und Wärme auszusenden, und das nennt man dann einen Stern.

Die Sonne ist also eine riesengroße Kugel, die vor allem aus Wasserstoff und Helium besteht, und sie leuchtet, weil Wasserstoffatome zusammenschmelzen und zu Helium werden. Beim Zusammenschmelzen wird Energie freigesetzt.

4.2 Die Sonne von innen

Wenn wir uns vorstellen, wir würden einen Tunnel in die Sonne graben, durch den Mittelpunkt hindurch und auf der anderen Seite wieder heraus, wäre dieser Tunnel 1,4 Millionen Kilometer lang. In einen so langen Tunnel könnten wir 109 Erdkugeln hintereinander legen. Wenn wir ihn groß genug gemacht hätten. Aus vielen Gründen ist es völlig unrealistisch, einen solchen Tunnel zu graben. Beispielsweise besteht die Sonne hauptsächlich aus Gas und in Gas kann man schließlich keinen Tunnel graben. Es ist also nur ein Gedankenexperiment.

Rund um die Sonne ist ein Bereich, den man Korona nennt. Das bedeutet Krone. In der Korona kann die Temperatur auf 3,6 Millionen Grad Celsius steigen. Es gibt nichts, was nicht verbrennen würde, wenn es so heiß ist. Deshalb können wir nicht dorthin reisen, denn es gibt nichts, was uns vor der Hitze schützen könnte.

Wenn wir uns trotzdem vorstellen, dass wir durch die Korona und auf die Oberfläche der Sonne gelangen würden, würde die Temperatur dort auf 5.500 °C absinken. Im Vergleich zur Korona ist das ja ziemlich kühl. Trotzdem immer noch ganz schön heiß. Eisen schmilzt beispielsweise bei 1.582 °C.

Kämen wir trotz allem bis in den Kern der Sonne, nachdem wir 700.000 Kilometer gereist wären, würde es wirklich heiß. Viel heißer als in der Sonnenkorona. Die Temperatur im Kern beträgt fast 16 Millionen °C. Ganz schön verrückt, dass etwas so heiß sein kann.

Die Sonne erzeugt auch eine Menge starker radioaktiver Strahlung. Selbst wenn wir die Hitze aushalten könnten, wäre die radioaktive Strahlung so stark, dass wir uns der Sonne nicht nähern könnten.

Ich liebe die Sonne. Aber ich glaube, ich genieße sie lieber hier, aus 150.000.000 Kilometern Entfernung. Mit Sonnenbrille und Sonnencreme.

5. Kapitel

Die Erde

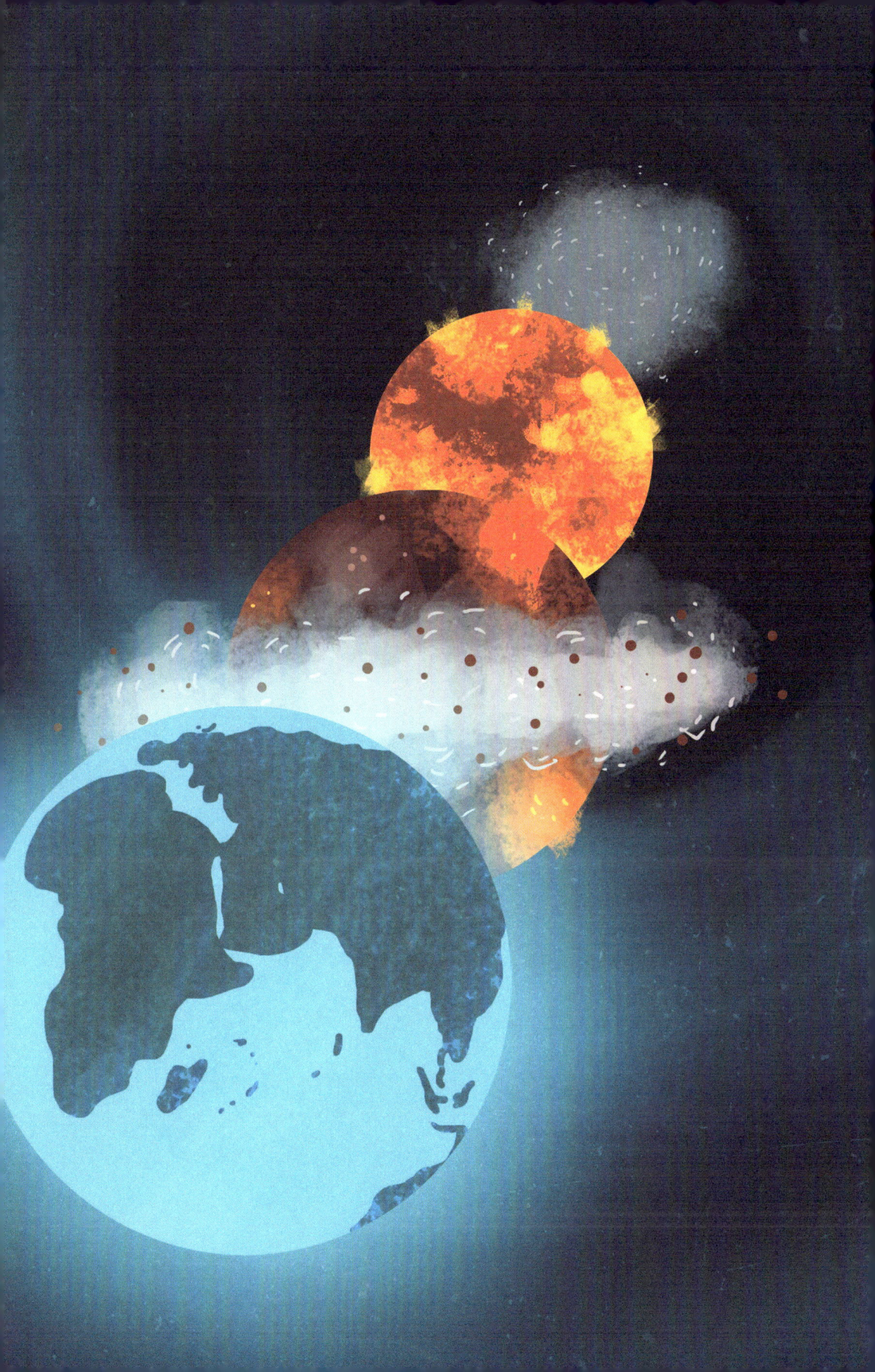

Nach ihrer Entstehung war die Sonne von einer dicken Schicht aus kosmischem Staub umgeben. Kosmischer Staub besteht aus den Überresten von Sternenexplosionen. Wie können daraus Planeten werden? Das war ein ganz großes Rätsel. Denn die kosmischen Staubkörner sind genauso klein wie die klitzekleinen Teilchen, aus denen Rauch besteht. Sie konnten sich nicht durch Schwerkraft gegenseitig anziehen. Dann hätten sie doch eigentlich für alle Zeit um die Sonne herumschweben müssen, oder?

5.1 Ein Astronaut spielt mit Salz

Die Antwort kam von Donald Pettit, einem echt cleveren Astronauten aus Amerika. Wenn er mit dem Raumschiff im All unterwegs war, machte er gern Experimente in der Schwerelosigkeit. Er nahm durchsichtige Plastiktüten mit feinem Salz und Kaffeepulver zur Internationalen Raumstation mit, wo es so gut wie keine Schwerkraft gibt. Dort beobachtete er, dass die kleinen Körnchen sich zu Klumpen sammelten. Und diese Klumpen verbanden sich miteinander und wurden zu größeren Klumpen. Damit löste Don Pettit eines der größten Rätsel bei der Entstehung der Erde. Die kleinen Körnchen klumpten sich aus demselben Grund zusammen, aus dem der kosmische Staub sich zusammenklumpte, als die Erde geschaffen wurde.

Um die Erklärung dafür zu verstehen, musst du wissen, dass ein Atom ein Elektron verlieren oder eines dazubekommen kann. Wenn ein Atom ein Elektron verliert, verstärkt sich seine positive Ladung, weil es dann mehr positive Ladungen im Atomkern als negative Elektronen darum herum gibt. Wenn ein Atom, statt ein Elektron zu verlieren, ein weiteres Elektron erhält, steigt seine negative Ladung. Positiv oder negativ geladene Atome nennt man Ionen.

Ionen sind in Salz. Und in Steinen. Manchmal liegen zwei Steine nebeneinander und der eine hat einen Fleck mit positiven Ionen und der andere einen mit negativen. Positive und negative Ionen ziehen sich gegenseitig an. Deshalb könnte man erwarten, dass die beiden Steine zusammenkleben würden. Doch das kann nur im Weltraum geschehen, wo es praktisch keine Schwerkraft gibt.

 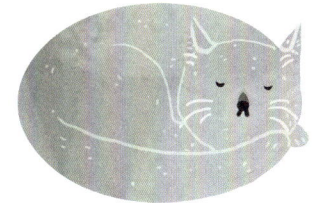

Auf der Erde bestimmt die Schwerkraft, wo und wie ein Stein daliegt. Kleine Ladungen auf der Oberfläche des Steins haben nichts zu sagen. Diese Kräfte sind viel zu schwach im Vergleich zu der enormen Kraft, die die Schwerkraft auf der Erde ausübt. Doch draußen im Weltall können die kleinen Ladungen auf den Steinen im Laufe von Jahrmillionen eine große Bedeutung haben.

Irgendwann küssten sich zwei Sternenstaubkörnchen und bildeten den Beginn der Erde. Weitere Staubkörnchen kamen dazu. Und nach und nach immer mehr. Und der Staubklumpen wuchs und wuchs.

Als der Klumpen etwa einen Kilometer dick war, hatte er so viel Schwerkraft, dass er Staub und Steine aus seiner Umgebung anziehen konnte. Und dadurch begann der Klumpen schneller zu wachsen. Aber ganz so schnell nun auch wieder nicht. Es vergingen 30 Millionen Jahre, bis die Erde so groß geworden war, wie sie heute ist.

5.2 Glut und Feuer

Als die Erde ihre heutige Größe erreicht hatte, war sie wahnsinnig heiß. Also richtig heiß. Etwa 2.000 °C, vermutet man. Außerdem war sie extrem radioaktiv. Sie sah damals schon ziemlich beeindruckend aus, aber sie war kein Ort, an dem man gern Urlaub gemacht hätte.

Die Erde war flüssig. Wie eine große Lavakugel. Die schwersten Grundstoffe sanken durch die Lava nach unten und wurden zum Erdkern. Die leichtesten Stoffe schwammen oben. Und ein paar von denen, die oben schwammen, wurden eines Tages zu dir. Atome sind die Teile, aus denen wir alle geschaffen wurden. Auch Wälder, Rentiere und Pilze sind daraus gemacht.

Nach einer Million Jahren kühlte sich die Erdoberfläche ab und wurde zu dem, was wir Erdkruste nennen. So ähnlich wie die Kruste beim Brot. Die Erde war nun keine große Lavakugel mehr. Aber durch Vulkane und Lavaflüsse war sie immer noch stark in Bewegung. Es war heiß und die Atmosphäre war eine stinkende Mischung aus Säure und Gift.

Aber wenn du aus dem Fenster guckst, siehst du, dass das Ganze ein ziemlich friedliches Ende genommen hat. Denn irgendwann hatte sich der Planet so weit abgekühlt, dass es flüssiges Wasser gab. Und Regenwetter. Das war vor etwa 4,3 Milliarden Jahren.

Als die Erde noch eine große Lavakugel war, konnte es kein Wasser geben. Es wäre sofort zu Gas verdampft und im Weltraum verschwunden. Das Wasser kam mit Meteoren. Viele der Meteore im Weltraum sind riesengroße Eisbrocken. Und jeden Tag kommt mehr Wasser dazu. Nicht sehr viel, aber vielleicht ein paar Badewannen voll. Verrückt, sich vorzustellen, dass all das Wasser auf der Erde aus dem Weltraum kommt. Die Erde selbst ja schließlich auch. Doch das Wasser kam erst, als die Erde sich abgekühlt hatte.

Jetzt haben wir geklärt, woher die Sonne und die Erde kommen. Das nächste Kapitel handelt davon, wie der Rest des Universums aufgebaut ist und wie es sein jetziges Aussehen bekommen hat.

6. Kapitel

Das Universum

Wenn ich darüber nachdenke, was wir über das Universum wissen, fällt mir direkt ein, was wir alles *nicht* darüber wissen. Es gibt da eine ganze Reihe von schwarzen Löchern in unserem Verständnis. In diesem Kapitel will ich dir von dem erzählen, was man weiß, und ein bisschen von dem, was noch immer ein Rätsel ist.

6.1 Die Größe

Das Universum ist groß. Keiner weiß genau, wie groß es ist. Wir können das Universum nicht anschauen, wie wir uns zum Beispiel eine Stadt anschauen können. Wir nehmen das Universum ja nur durch das Licht wahr, das von dort oben auf die Erde gelangt, und dieses Licht ist sehr alt. Es ist viele Tausend Jahre lang unterwegs gewesen. Ein Teil davon war viele Millionen Jahre auf Reisen. Und ein anderer Teil war sogar mehrere Milliarden Jahre lang unterwegs.

Man weiß ganz gut, wie Dinge in unserer Nähe in diesem Moment aussehen. Aber weit entfernte Dinge, wie zum Beispiel Sterne oder andere Galaxien, können wir nicht so sehen, wie sie in diesem Moment aussehen. Wir können nur ihre Vergangenheit sehen. Weil das Licht, das wir sehen, seine Reise vor unfassbar langer Zeit begonnen hat.

Wenn du einen Fußball wegschießt und so schnell losrennst, wie du kannst, ist es möglich, dass du den Ball überholst und selbst wieder auffängst. Wenn du schneller laufen könntest als das Licht, könntest du den Ball wegschießen, das Licht überholen, dich umdrehen und dir selbst dabei zuschauen, wie du den Ball schießt. Das ist nur ein

Gedankenexperiment. Es gibt nichts, was schneller ist als das Licht. Dazu kommen wir in Kapitel 8.

> Das jüngste natürliche Licht, das man sehen kann, kommt von der Sonne. Es ist acht Minuten alt. So lange braucht das Licht, um von der Sonne bis zur Erde zu gelangen. Das älteste Licht, das man sehen kann, ist etwa 13 Milliarden Jahre alt. Es kommt also aus unserem ganz jungen Universum. Was sieht man eigentlich, wenn man so altes Licht sieht?

Seltsam, wenn man sich vorstellt, dass die Lichtteilchen so weit gereist sind, ohne gegen irgendetwas zu stoßen. Und – Puff! – landen sie schließlich in einem Fernglas oder Teleskop hier auf der Erde. Und so erhalten wir ein Bild von etwas, das geleuchtet hat, als das Universum nur ein paar Hundert Millionen Jahre alt war.

6.2 Die Ausdehnung

Das Universum dehnt sich aus. Sehr merkwürdig! Denn das sollte es nicht. Macht es aber trotzdem. Es dehnt sich schneller und schneller aus. Das wissen wir, weil wir beobachten können, dass alle Galaxien, die wir sehen können, sich von uns wegbewegen. Du könntest annehmen, dass wir uns in der Mitte des Universums befinden, weil sich alles gleich schnell von uns wegbewegt. Doch so ist es komischerweise nicht. Komm, lass uns mal in die Küche gehen.

Wir machen einen Brotteig. Wir tun reichlich Hefe rein. Und Rosinen. Viele Rosinen. Dann soll der Teig gehen. Die kleine Teigkugel wächst und wird so groß wie ein Fußball. Und alle Rosinen sind in dem Teig. Doch sie können nicht länger dicht beieinander bleiben, weil das Brot sich ausdehnt. Also rutschen die Rosinen auseinander. Okay, »rutschen« ist vielleicht kein gutes Wort. Sie entfernen sich voneinander.

Und jetzt kommt der Clou, über den du ein bisschen nachdenken kannst: Wenn du tief drinnen im Brot auf irgendeiner Rosine stehst, sieht es so aus, als ob sich alle anderen Rosinen gleich schnell von dir wegbewegen. Es sieht immer so aus, egal, auf welcher Rosine du stehst. Sprich: Auch wenn alle Galaxien im Universum sich von uns entfernen, bedeutet das nicht, dass wir sie vom Mittelpunkt des Universums aus beobachten.

Das Brot ist das Universum und die Rosinen sind die Galaxien. Und der Teig – tja, von dem wüssten wir gerne, was er ist.

Das Universum dehnte sich nach dem Urknall aus. Das ergibt Sinn. Etwas, das explodiert, dehnt sich aus. Im Laufe der Zeit dehnte es sich immer langsamer aus, weil die Schwerkraft Sachen zusammenhielt und die Ausdehnung bremste. Auch das ergibt Sinn.

Doch vor etwa fünf Milliarden Jahren begann das Universum plötzlich, sich schneller und schneller auszudehnen.

Und das ergibt erst mal überhaupt keinen Sinn. Die Energie, die dafür sorgt, dass sich alle Sachen voneinander entfernen, und die der Schwerkraft entgegenwirkt, nennt man Dunkle Energie. Und sie existiert nur als eine Zahl in den mathematischen Formeln der Astrophysiker. Eine Zahl, die die Ausweitung erklärt.

Aber man hat nicht die leiseste Ahnung, woher die Energie kommt und was sie eigentlich ist. Ich finde es lustig, dass man sie Dunkle Energie nennt, denn es gibt ja keine helle Energie. Ich glaube, man nennt sie Dunkle Energie, weil die Physiker im Dunkeln tappen!

Die Galaxien bewegen sich also voneinander weg. Eines Tages werden sich auch die Sterne voneinander entfernen. Und die Sonnensysteme werden auseinanderfallen. Selbst die Atome werden sich zum Schluss aufspalten, und ihre einzelnen Teile werden sich voneinander entfernen, bis sämtliche Energie in dem gewaltigen Weltraum verteilt ist.

Ja, tut mir leid, das klingt ziemlich traurig. Aber es ist kein Grund, sich Sorgen zu machen. Das Universum, wie wir es kennen, wird noch so lange bestehen, dass es für uns Menschen wie die Ewigkeit ist.

6.3 Der Aufbau

Unser Sonnensystem besteht aus der Sonne und den Dingen, die sich rund um die Sonne bewegen. Unsere Galaxie, die Milchstraße heißt, besteht aus vielen, vielen Sonnensystemen. Und aus Gaswolken, in denen neue Sterne gebildet werden. Und aus erloschenen Sternen und Riesenmeteoren und vielem anderen. In der Mitte der Milchstraße ist ein Punkt, der als schwarzes Loch bezeichnet wird. Ein schwarzes Loch ist unvorstellbar schwer. Es hält alle Sonnensysteme in der Galaxie fest. So ähnlich sind alle Galaxien aufgebaut. Mehr oder weniger. Einige sind spiralförmig, so wie unsere. Andere sind oval und wieder andere sehen aus wie ein unordentliches Kuddelmuddel.

Vor 100 Jahren glaubte man, das Universum und die Milchstraße seien ein und dasselbe. Dann fand der amerikanische Astronom Edwin Hubble heraus, dass das nicht stimmt. Er war der Erste, der andere Galaxien entdeckte. Stell dir vor, wie er eines Tages bei der Arbeit herausfand, dass das, was man für das ganze Universum gehalten hatte, nur eine von vielen Galaxien war. Wow!

Die Galaxien sind über das ganze Universum verstreut. Zumindest soweit wir es von der Erde aus sehen können. Früher war da einfach ein dunkler Bereich am Himmel, in dem man durch kein Fernglas jemals Licht gesehen hatte. Also baute man ein Riesenfernrohr und schickte es hinauf in die Erdumlaufbahn, sodass die Fotos, die es aufnahm, nicht durch die Atmosphäre verschleiert wurden. Die Atmosphäre ist die Luftschicht um unsere Erde, in der die Wolken entstehen. Das Fernglas heißt Hubble-Teleskop und wurde nach Edwin Hubble benannt. Man richtete es auf den dunklen Bereich. Und weißt du, was man entdeckt hat? Um die 10.000 Galaxien!

Der Bereich, auf den man schaute, war so klein wie ein Apfel aus 100 Metern Entfernung. Seitdem hat man solche

Aufnahmen mit dem Hubble-Teleskop ganz oft wiederholt und es ist überall dasselbe. Galaxien, Galaxien, Galaxien. Es ist der Wahnsinn! Man glaubt, dass es im Universum etwa 2.000 Milliarden Galaxien gibt.

Mit der Zeit fand man heraus, dass da draußen nicht alles mit rechten Dingen zugeht. Das Erste hat mit den Galaxien zu tun. Sie drehen sich, was an sich noch keine Überraschung ist. Dinge drehen sich um einen schweren Mittelpunkt. Ihre Geschwindigkeit ist exakt so hoch, dass sie nicht in die Mitte stürzen. Das Erstaunliche ist, dass die äußeren Sonnensysteme sich genauso schnell um den Mittelpunkt drehen wie die inneren. Und das sollten sie nicht, sagen die Physiker.

Offenbar kann man das Gewicht einer Galaxie ausrechnen, indem man sie anschaut und ermittelt, woraus sie besteht. Oder so ähnlich. Und weil die Geschwindigkeit der Sterne davon abhängt, wie viel die Galaxie wiegt, kann man ausrechnen, wie schnell sie sich im Kreis bewegen müssten. Aber sie bewegen sich viel schneller, als man annehmen würde. Es scheint, als wären die Galaxien viel schwerer, als sie dem Aussehen nach sein sollten.

Eine andere merkwürdige Sache ist, dass die Galaxien nicht zufällig im Universum verstreut sind. Sie bilden Gruppen. Und so kommt es, dass viele Galaxien sich zusammen bewegen. Ein bisschen wie Seegras, das im Wasser hin und her schwankt. Darauf werden wir später zurückkommen. Aber das sollten die Galaxien eigentlich nicht tun, wenn die Dinge einfach so wären, *wie sie aussehen*. Es gibt keine uns bekannte Kraft, die erklären kann, warum die Galaxien in

Gruppen zusammenhängen. Sie müssten eigentlich schön verteilt sein, so wie Pralinen in einer Schachtel. Im nächsten Abschnitt versuche ich, dir das Ganze ein bisschen zu erklären.

6.3.1 Dunkle Materie

All diese wunderlichen Beobachtungen würden Sinn ergeben, wenn es da draußen ganz viel von irgendeinem Stoff gäbe, der etwas wiegt, den wir aber nicht sehen können. Das Verrückte ist, dass diese Vermutung nur stimmen kann, wenn das, was wir sehen können, nur etwa 20% von all dem wäre, was es da draußen gibt! Und 20% ist so viel wie 20 cm von einem Meter. Das ist wirklich wenig!

All das, was wir nicht sehen können, nennt man Dunkle Materie. Die Dunkle Materie soll die zusätzliche Schwerkraft erklären, die scheinbar im Universum vorhanden ist – so wie die Dunkle Energie erklären soll, warum sich das Universum schneller und schneller ausdehnt.

Findest du, die Wissenschaftler mogeln, wenn sie sich etwas ausdenken, von dem sie nicht wissen, was es ist, nur damit ihre Formeln wieder passen? Nun ja, ein bisschen mogeln sie tatsächlich. Bei Experimenten hier auf der Erde ist so etwas nicht erlaubt. Auch nicht in einer Prüfung, wenn man keine Ahnung hat, wie die richtige Antwort lautet. Aber weil das Universum so groß und schwierig zu erklären ist, darf man Sachen wie Dunkle Materie und Dunkle Energie einführen.

Im Moment versuchen ganz viele Astronomen und Physiker herauszufinden, was die beiden Sachen sind. Es wird wohl noch lange dauern, bis sie damit fertig sind. Es gäbe also viel für dich zu tun, wenn du dich dafür interessierst. Bestimmt ein spannender Job!

6.3.2 Laniakea

Ich habe dir ja schon erzählt, dass alle Galaxien, die wir sehen können, sich gleich schnell von uns wegbewegen. Alle miteinander. Doch das ist genau genommen nur fast richtig. Denn es gibt kleine Abweichungen. Wissenschaftler aus Hawaii erstellten eine Karte der Galaxiengruppen in einem Teil des Universums. In der Tat haben sie sich »nur« 8.000 Galaxien angeschaut. Doch das ist ja auch schon eine ganze Menge.

Es waren diese Wissenschaftler, die herausfanden, dass die Galaxien Formationen bilden, die sich ein bisschen wie Seegras im Wasser bewegen. Den Galaxien-Zweig, zu dem wir gehören, haben sie Laniakea genannt. Das ist ein schöner Name, finde ich. Er kommt aus dem Hawaiianischen und bedeutet *unermesslicher Himmel*.

Man kann sagen, dass Galaxienhaufen wie Laniakea die größten Dinge sind, die wir kennen. Die größten zusammenhängenden Strukturen. Du bist auch eine zusammenhängende Struktur. Und das Sonnensystem ist eine zusammenhängende Struktur. Und Laniakea ist also die größte Struktur, die man kennt, mit Tausenden von Galaxien, von denen jede Millionen von Sternen hat.

Als Nächstes wandern wir von dem Größten, das wir kennen, zu dem Kleinsten und gleichzeitig Rätselhaftesten, das wir kennen. Das folgende Kapitel handelt von Quantenmechanik.

7. Kapitel

Quantenmechanik

Jetzt habe ich dir von den größten Dingen erzählt, die wir kennen, wie zum Beispiel Supernovas, und von den kleinsten Dingen, die wir kennen, wie zum Beispiel Atome. Dass ich Galaxien und Atome und ihren Aufbau beschreiben kann, liegt an zwei Ideen, die vor etwas über 100 Jahren entstanden sind.

Die Idee, die von den großen Dingen handelt, nennt man Relativitätstheorie. Davon werde ich dir in Kapitel 8 erzählen. Die andere Idee, mit der die kleinen Dinge erklärt werden, nennt man Quantenmechanik. Und darüber sollst du jetzt etwas erfahren.

Ein Quant ist eine Art Paket. Etwas, das man nicht teilen kann. Mechanik beschreibt, wie die Dinge zusammenhängen und funktionieren.

Wie die Relativitätstheorie ist auch die Quantenmechanik eine ganz neue Art, die Welt zu betrachten. Bei der Quantenmechanik handelt es sich vor allem darum, wie Dinge, die sehr klein sind, sich verhalten. Mit sehr klein meine ich die Größe von Atomen. Die Physiker nennen sie Teilchen. Die Quantenmechanik zeigte den Menschen, dass die Wirklichkeit der Teilchen vollkommen anders aussieht als die Wirklichkeit, die wir in unserer Welt erleben.

7.1 Licht und Atome, Wellen und Teilchen

Der deutsche Physiker Max Planck fand heraus, dass Licht aus kleinen Paketen besteht. Das war eigentlich ziemlich verwunderlich, denn man wusste, dass Licht aus Wellen bestand, die aus der Sonne oder einer Lampe strömten. Wie konnten Wellen kleine Teilchenpakete sein?

7.1.1 Licht und Wellen

Es wird noch merkwürdiger, denn es stellte sich heraus, dass Licht aus Teilchen und gleichzeitig aus Wellen besteht. Und das ist nicht nur bei Licht so. Auch Elektronen sind so beschaffen. Selbst ganze Atome können sowohl Wellen als auch Teilchen sein. Sogar Moleküle – also mehrere miteinander verbundene Atome – können gleichzeitig Wellen und Teilchen sein.

Erst wenn sie mit irgendetwas zusammentreffen, das aus Teilchen besteht, werden sie selbst zu Teilchen, und ihr Wellenanteil verschwindet.

Wenn du dir einen Ball nimmst und ihm einen Tritt verpasst, kannst du ihn mit den Augen verfolgen, bis er liegen bleibt. Wenn du einen Stein in eine ruhige Wasserfläche wirfst, bilden sich Wellen, die du beobachten kannst, bis sie sich beruhigt haben.

Ein Lichtstrahl ist in gewisser Weise wie der Ball, der durch die Luft fliegt, und wie die Wellen im Wasser. Mit dem großen Unterschied, dass sich die Wellen des Lichtstrahls nicht beruhigen, wie die Wellen es im Wasser tun. Im Wasser verlieren sie ihre Energie. Das tun Lichtwellen nicht. Sie können sozusagen für immer weiterlaufen. Es sei denn, sie treffen auf irgendetwas. Dann übertragen sie ihre Energie auf das, worauf sie getroffen sind. Deshalb ist dir warm, wenn du an einem Sommertag in der Sonne bist:

Das Licht der Sonne trifft auf deine Haut und überträgt seine Energie in Form von Wärme auf deinen Körper.

Bestimmt hast du schon mal gesehen, wie ein Tropfen ins Wasser fällt und um ihn herum ringförmige Wellen entstehen, die sich von der Mitte nach außen bewegen. Bei Regenwetter entstehen in einer Pfütze Ringwellen, die mit anderen Ringwellen zusammenstoßen und sich überschneiden. Dabei bilden sich Muster. Dort, wo der Wellenkamm, so nennt man den höchsten Punkt der Welle, mit einem anderen Wellenkamm zusammentrifft, wird die Welle doppelt so hoch. In einer Pfütze kann man das meist nicht so gut beobachten, denn es geht ja ziemlich schnell. Doch es ist unter anderem das, was die Muster erzeugt. Das nennt man Interferenz.

Auch mit Licht kann man eine Interferenz erzeugen. Denn man weiß, dass Licht sich wie Wellen verhalten kann. Doch sobald das Licht auf ein Messgerät trifft, wird es zu Teilchen. Das Messgerät kann zum Beispiel die Kamera eines Handys sein.

Wenn wir Licht messen, als würde es aus Wellen bestehen, dann besteht es auch aus Wellen. Wenn wir Licht messen, als würde es aus Teilchen bestehen, dann besteht es auch aus Teilchen. In der Quantenwelt sind die Dinge einfach nicht so wie in unserer Welt. In der Quantenwelt *verändern sich die Dinge, wenn wir sie messen.*

7.1.2 Licht und Atome

Jetzt kehren wir zu den Atomen zurück. Denn mit der Quantenmechanik lassen sich Atome erklären. Im zweiten Kapitel habe ich dir ja schon erzählt, dass die Atome ein bisschen wie ein Sonnensystem aufgebaut sind, mit einem positiven Kern in der Mitte und Elektronen auf Umlaufbahnen darum herum. Erinnerst du dich an Niels Bohr, der den Aufbau von Atomen erforschte? Er entwickelte ein Modell, mit dem er zeigen wollte, wie ein Atom aussieht. Für den Bau des Modells nutzte er unter anderem Max Plancks Idee von den Lichtpaketen.

Niels Bohr wusste, dass Licht von Elektronen kommt, die von einer Umlaufbahn des Atoms auf eine andere springen und dann wieder auf ihre alte Bahn zurückkehren. Und schließlich fand er heraus, dass jede Umlaufbahn des Atoms den Elektronen potenzielle Energie gibt, genauso wie die Regalbretter deiner Leuchtturmtasse aus Kapitel 2 potenzielle Energie geben können. Die obersten Bretter geben viel und die untersten Bretter geben wenig Lageenergie.

> Wenn man einem Elektron einen Schubs gibt, kann es sich plötzlich auf einer anderen Umlaufbahn des Atoms befinden. Genauso plötzlich ist es dann wieder auf seiner alten Umlaufbahn. Und wenn das passiert, schickt es ein Lichtpaket los, das genauso groß ist wie der Energieunterschied zwischen den Umlaufbahnen. Licht mit starker Energie entspricht einer tiefen Kuhle in der Sahnetorte.

Max Planck hatte, wie gesagt, herausgefunden, dass Licht aus Paketen besteht. Es können jedoch nur Pakete mit bestimmten Größen sein. Das fand man sehr sonderbar, bis Niels Bohr es mit seinem Atom-Modell erklären konnte.

Ein Lichtpaket kommt von einem Elektron, das von einer Umlaufbahn mit hoher Energie auf eine Bahn mit niedrigerer Energie gesprungen ist. Das Elektron kann nicht zwischen zwei Bahnen sein. Es ist entweder auf der einen oder auf einer anderen Umlaufbahn. *Niemals* dazwischen. (Schließlich kann man die Leuchtturmtasse nur *auf* ein Regalbrett und nicht *zwischen* zwei Bretter stellen.)

Weil er das herausgefunden hat, bekam Niels Bohr den Nobelpreis.

7.1.3 Wo etwas ist

Ein Elektron ist also gleichzeitig sowohl ein Teilchen als auch eine Welle. Doch das ist noch nicht alles. Man kann nicht wissen, wo es ist. Bevor die Quantenmechanik entdeckt wurde, dachte man natürlich, man könnte herausfinden, wo Sachen sind, indem man danach sucht. Wenn du einen Ohrring verlierst, dann liegt er an irgendeinem Platz. Es kann sein, dass du ihn leider nicht wiederfindest, aber er ist trotzdem da.

Wenn du ein Elektron verlierst – oder irgendein anderes kleines Teilchen –, dann weißt du nicht, wo es ist. Wenn du richtig gut in Mathe und Physik bist, kannst du die Wahrscheinlichkeit ausrechnen, mit der du es irgendwo wiederfinden könntest. Aber du kannst es nicht genau wissen.

Oder du kannst es messen. Dazu brauchst du eine besondere Kamera, die Elektronen sehen kann. Dann kannst du herausfinden, wo das Elektron »beschließt«, auf die Kamera zu treffen. Aber bevor du die Messung durchführst, hast du keine Ahnung. Da haben wir wieder die merkwürdige Sache, dass ein Teilchen, wenn es gemessen wird, sein quantenverrücktes Verhalten einstellt und ein bisschen normaler wird. Albert Einstein (über den du im nächsten Kapitel etwas erfahren wirst) fand es etwas sonderbar, dass man nur ausrechnen konnte, wo sich ein Teilchen *wahrscheinlich* befand. Er sagte zu seinem Freund Niels Bohr: »Gott würfelt nicht.«

Verstehst du, was er damit meinte? Gewürfelte Zahlen hängen vom Zufall ab. Wenn man zwei Würfel hat, kann man die Wahrscheinlichkeit ausrechnen, mit der sie auf einer Vier oder Zwei landen. Doch man weiß es nicht, bevor man gewürfelt hat.

Genau so ist es bei Elektronen, von denen wir nicht wissen, wo sie sind, sondern nur ausrechnen können, wo sie sich wahrscheinlich befinden – bis wir sie gezwungen haben, Teilchen zu sein, weil wir sie messen.

7.2 Verschränkte Zwillinge

Zwei Teilchen können miteinander verschränkt sein. Das bedeutet, dass beide immer »wissen«, was das andere Teilchen gerade tut. Das ist vielleicht das erstaunlichste Phänomen, das die Quantenmechanik vorhergesehen hat. Und man hat mit Experimenten bewiesen, dass es wirklich so ist.

Ein Elektron hat einen Spin. Ich möchte hier nicht erklären, was ein Spin genau ist. Um das zu verstehen, muss man lange studieren. Aber es ist im Moment auch nicht so wichtig. Sagen wir, es ist eine Richtung. Sagen wir, dass ein Elektron entweder einen aufwärts gerichteten Spin oder einen abwärts gerichteten Spin haben kann. Wenn zwei Elektronen miteinander verschränkt sind, haben sie immer entgegengesetzte Spins, wenn wir sie messen. Also wenn der eine aufwärts gerichtet ist, ist der andere abwärts gerichtet.

Messen wir die Elektronen nicht, wissen wir nicht, welchen Spin sie haben. Beide haben beide Spins. Man kann sagen, dass sie beide gleichzeitig auf- und abwärts gerichtet sind. Sie sind nicht in der Mitte, wo man sie vermuten könnte, wenn man auf- und abwärts mischen würde. Sie sind keine Mischung. Sie sind beides gleichzeitig. Genauso wie sie gleichzeitig sowohl Teilchen als auch Wellen sind. Erst wenn wir sie messen, bekommen sie einen auf- oder abwärts gerichteten Spin.

Das *wirklich* Erstaunliche ist jedoch: Wenn man die zwei Elektronen sehr weit voneinander entfernt und den Spin des einen Elektrons misst, *dann bekommt das andere Elektron augenblicklich den entgegengesetzten Spin*. Und das ist ein Problem. Denn wie du im nächsten Kapitel erfahren wirst, besagt die Relativitätstheorie, dass sich nichts schneller bewegen kann als das Licht. Das eine der verschränkten Elektronen scheint dem anderen zu signalisieren, welchen Spin es hat. Und es sieht so aus, als würde dieses Signal nicht das kleinste bisschen Zeit brauchen, um sein Ziel zu erreichen.

Einstein nannte die Verschränkung »spukhafte Fernwirkung«. Er hat die Idee für Hokuspokus gehalten. Das ist sie auch. Wie kann das eine Elektron dem anderen schneller als mit Lichtgeschwindigkeit mitteilen, welchen Spin es gewählt hat, als es gemessen wurde? Dafür sind einige Erklärungen im Umlauf. Aber keine davon lässt sich beweisen. Das wäre eine Aufgabe für dich, wenn du davon träumst, ein wirklich großes Rätsel zu lösen.

Die verschränkten Elektronenzwillinge kann man übrigens in Quantencomputern gebrauchen. Es wurden bereits einige kleine Quantencomputer entwickelt, mit denen man noch nicht allzu viel anfangen kann. Eines Tages wird es wohl gelingen, größere Quantencomputer herzustellen, und dann bekommen wir die wahnwitzigsten Computer. Das wird sehr spannend für uns Naturwissenschaftler, denn wir brauchen schnellere Computer, die lange und komplizierte Rechnungen ausführen können. Es gibt zum Beispiel ganz viele Fragen darüber, wie die Moleküle in unserem Körper funktionieren. Wie machen sie all das, was sie machen? Wieso sind wir überhaupt lebendig? Wir wissen genau, wie wir viele der Fragen stellen werden. Aber wir haben noch keine Computer, die groß genug sind, um uns Antworten zu errechnen.

Quantenmechanik dreht sich also vor allem um Dinge, die sehr klein sind. Etwa gleichzeitig mit der Entstehung der Quantenmechanik hatte ein Deutscher eine ebenso bahnbrechende Idee. Wir sind ihm schon ein paarmal in diesem Kapitel begegnet. Sein Name ist Albert Einstein und seine Theorie heißt Relativitätstheorie. Von ihr handelt das nächste Kapitel.

8. Kapitel

Relativitätstheorie

Die meisten Erwachsenen sind davon überzeugt, dass die Relativitätstheorie sehr schwer zu begreifen ist. Wenn du dieses Kapitel beendet hast, sag mal zu ein paar erwachsenen Leuten: »Ich habe gerade etwas über die Relativitätstheorie gelesen.« Dann staunen sie und halten dich für superschlau. Nicht schlecht, oder? Aber so schwierig ist es eigentlich gar nicht. Man muss nur kapieren, dass die Welt nicht ganz so ist, wie sie aussieht.

Bislang habe ich dir etwas über die Entstehung des Universums und über Planeten, Atome, Licht, Wellen, Teilchen, Galaxien und die Sonne erzählt. Und in den nächsten Kapiteln erfährst du etwas über das Leben auf der Erde. Aber um die Welt richtig zu verstehen, muss man etwas über die Relativitätstheorie wissen.

Bestimmt hast du schon mal Leute sagen hören: »Alles ist relativ.« Damit meinen sie zum Beispiel, dass ein erbsengroßer Stein in einem Haufen aus feinem Sand ungeheuer groß aussieht. Doch derselbe Stein wirkt winzig klein, wenn man in den Bergen wandert und sich die Felsbrocken anschaut.

Wenn jemand dich anmeckert, weil du deinen Saft verschüttet hast, kannst du ihm vielleicht erzählen, dass all das, was alle Kinder der Welt jemals verschüttet haben, absolut nichts ist im Vergleich zu dem Dreck, den erwachsene Menschen in den letzten 100 Jahren in der Natur ausgekippt haben.

Alles ist relativ.

Aber darum geht es bei der Relativitätstheorie nicht.

Albert Einstein, einer der größten Denker in der Geschichte, hat die Relativitätstheorie entwickelt. Dadurch wurde das bisherige Verständnis von der Welt vollkommen auf den Kopf gestellt. Man kann die Relativitätstheorie in zwei Bereiche aufteilen: Ein Teil handelt von der Lichtgeschwindigkeit und der andere von der Schwerkraft. Den ersten Teil, den mit der Lichtgeschwindigkeit nennt man die *spezielle Relativitätstheorie*, und den zweiten Teil, den mit der Schwerkraft, nennt man die *allgemeine Relativitätstheorie*.

Die Theorien sagen etwas darüber, was passiert, wenn zwei Dinge sich *im Verhältnis zueinander* bewegen. Relativ bedeutet »im Verhältnis zu«. Deshalb heißt es Relativitätstheorie.

8.1 Lichtgeschwindigkeit c und die spezielle Relativitätstheorie

Wenn man ein Experiment mit einem Hüpfball macht, und zwar auf diesem Planeten, dann ist die Erde (oder der Fußboden in dem Zimmer, in dem man das Experiment durchführt) eine Art Nullpunkt. Sprich, der Ball liegt zum Schluss still auf dem Boden. Da kann nichts mehr geschehen.

Der Boden ist null.

Es ist nur leider so, dass die Erde sich im Kreis dreht. Und zwar schnell. Kopenhagen bewegt sich mit 943 km/h im Kreis. Am Äquator dreht man sich am schnellsten, nämlich mit 1.673 km/h. Und, hey, die Erde bewegt sich mit 108.000 km/h um die Sonne. Und die Sonne, das hätte ich fast vergessen, kreist in der Galaxie mit einer Geschwindigkeit von 828.000 km/h.

Also wo ist eigentlich Null? Liegt unser Ball überhaupt jemals still? Nein! Das tut er nicht. Aber vor der Relativitätstheorie hat das niemanden gekümmert. Denn solange der Ball im Verhältnis zu uns, die wir ihn betrachten, still daliegt, ist alles okay.

Aber das ist es eben nicht so ganz …

Zu Einsteins Zeit hatte man die Geschwindigkeit des Lichts viele Male auf verschiedene Weise gemessen und war zu dem Schluss gekommen, dass sie immer gleich war. Vor Einstein dachte man, wenn man sich mit 100 km/h fortbewegt und mit einer Taschenlampe nach vorn leuchtet, dann bewege sich das Licht mit Lichtgeschwindigkeit plus 100 km/h. So sollte es sein. So verhalten sich alle anderen Dinge. Aber nicht das Licht. Die Geschwindigkeit des Lichts bleibt immer dieselbe.

Wenn du dich fast so schnell wie mit Lichtgeschwindigkeit in einem Raumschiff fortbewegst, in dem es ein Gerät gibt, mit dem man die Geschwindigkeit des Lichts messen kann, dann würdest du bei deinen Messungen herausfinden, dass das Licht dieselbe Geschwindigkeit hat, als würdest du still stehen! Wenn du aus dem Fenster des Raumschiffes leuchtest und ich würde die Geschwindigkeit messen, bekomme ich denselben Wert.

Na und?, könnte man denken, es ist vielleicht ein bisschen komisch, aber es spielt doch keine große Rolle, dass das Licht sich anders verhält als andere Dinge.

Einstein fand heraus, dass es sehr wohl eine Rolle spielt! Wenn man sich extrem schnell bewegt, dann verändern sich Zeit und Raum und Energie und Masse im Verhältnis zu dem, was sich nicht bewegt. Statt dass der Fußboden der Nullpunkt für unsere Experimente mit einem Ball ist, wird die Lichtgeschwindigkeit zum Null- oder Bezugspunkt. Sämtliche Bewegung ist also im Verhältnis zur Lichtgeschwindigkeit zu verstehen.

Wenn ich jetzt mit einer Geschwindigkeit von 285.000 Kilometern in der Sekunde (km/s) – das entspricht über 1 Milliarde km/h – losdüse, dann bewege ich mich fast so schnell wie mit Lichtgeschwindigkeit. Sagen wir, du stehst still und schaust mich an. Dann passieren drei ulkige Sachen. 1. Ich wiege viel mehr, als wenn ich still stehen würde. 2. Die Zeit auf meiner Uhr vergeht viel langsamer als die Zeit auf deiner Uhr. 3. Ich sehe wirklich komisch aus, denn ich werde in Fahrtrichtung zusammengequetscht.

Ich wiege 85 kg. Wenn ich mich mit 285.000 km/s fortbewegen würde, würde ich 272 kg wiegen. Während nach deiner Uhr eine Stunde vergangen ist, würde meine Uhr nur etwa eine halbe Stunde gemessen haben. Und wenn ich mich mit dem Kopf voran bewegen würde, wäre ich nur etwa halb so lang, wie ich bin, wenn ich neben dir stehe.

Du könntest auch beobachten, dass ich in Fahrtrichtung schmaler werde. Meine Zeit vergeht langsamer und ich bin schwerer. Das Komische daran ist, dass ich nichts davon merke. Für mich bin ich im Spiegel immer derselbe, meine Uhr funktioniert prima und ich wiege dasselbe wie immer.

Ich rase nur davon. Und wenn ich dich ansehe, kann es sein, dass ich glaube, dass du derjenige bist, der sich mit Lichtgeschwindigkeit fortbewegt. Denn das tust du ja im Verhältnis zu mir. Für mich bist *du* platt gedrückt und schwerer geworden und *deine* Zeit vergeht langsamer.

> Die Satelliten für GPS-Messungen haben sehr präzise Uhren an Bord, mit denen berechnet wird, wo sich der Satellit im Verhältnis zu dir befindet, wenn du mit deinem GPS-Gerät auf der Erde stehst. Aber die Satelliten bewegen sich sehr schnell, mit circa 14.000 km/h. Im Verhältnis zum Licht das reinste Schneckentempo, doch schnell genug, um die Uhren ein kleines bisschen langsamer gehen zu lassen als die Uhren auf der Erde. Dadurch werden die Messungen des Satelliten nach und nach immer ungenauer. Man baut deshalb die Uhren in den Satelliten so, dass sie ein bisschen zu schnell gehen. Und dann passt das Ganze wieder.

8.2 Schwerkraft und die allgemeine Relativitätstheorie

Einige Jahre nachdem er die spezielle Relativitätstheorie entwickelt hatte, stellte Albert Einstein seine neue Idee vor, die wir heute als allgemeine Relativitätstheorie kennen. Eines Tages dachte er darüber nach, dass eine Person, die sich im freien Fall durch einen luftleeren Raum auf einen Planeten zubewegt, die Schwerkraft nicht spüren kann. Die Person kann auch nicht spüren, dass sie oder er immer schneller wird.

Einstein dachte auch darüber nach, dass es sich in einem schneller und schneller fliegenden Raumschiff so anfühlt, als ob es darin Schwerkraft gäbe. Man kann umhergehen und man kann mit einem Ball spielen und sich Ketchup aufs T-Shirt kleckern. Dinge, die man nicht tun könnte, wenn das Raumschiff sich mit gleichbleibender Geschwindigkeit bewegen würde – oder sich überhaupt nicht bewegen würde. Dann würde man nämlich schwerelos herumschweben.

Die beiden Gedanken hängen zusammen. Also, dass man sich beim Fallen schwerelos fühlt, obwohl man immer schneller wird, und dass man die Schwerkraft spürt, wenn man in einer Kiste steht, die immer schneller wird. Das lässt sich auch etwas einfacher erklären:

Du kennst sicher das Gefühl, wenn du im Auto sitzt und deine Mutter so richtig Gas gibt. Dann wirst du im Sitz nach hinten gedrückt. Es kann sich anfühlen, als ob du von der Schwerkraft nach hinten gezogen würdest. Kennst du das Gefühl? Wenn du mit einer Rakete abhebst, die schneller und schneller von der Erde fort rast, dann fühlt es sich so an, als wäre die Schwerkraft viel stärker als normal.

Die Schwerkraft, überlegte Einstein, ist ein bisschen so, als ob die Erde in deine Richtung beschleunigen würde. Das tut sie aber nicht. Dann fiel ihm auf, dass es so aussieht, als würde der Raum sich um die Erde krümmen und sich wie ein Trichter in Richtung Erde verengen. Und mit Mathematik und Logik fand er Folgendes heraus: Wenn sich etwas sehr Schweres im Raum befindet, wie zum Beispiel die Erde, dann krümmt sich der Raum tatsächlich.

»Der Raum soll sich krümmen? Erzähl keinen Quatsch!«, denkst du vielleicht. Dann stell dir zwei Linien vor, die nebeneinander herlaufen. Sie sind Parallelen. Wenn du auf der ersten Linie gehst und dein bester Kumpel auf der zweiten, dann werdet ihr niemals zusammenstoßen. Das ist klar. Aber wenn der Raum sich krümmt, werdet ihr euch irgendwann treffen.

Das ist leichter zu sehen, wenn wir uns die Längengrade auf dem Globus anschauen. Beim Äquator sehen sie ziemlich parallel aus. Aber am Nord- und Südpol treffen sie sich. Weil die Erde sich krümmt und rund ist. Der Raum krümmt sich in 3-D um etwas Schweres wie eine Sonne oder einen Planeten. Das kann man sich zwar schwer vorstellen, aber es ist so.

Wie du vielleicht im Abschnitt über die spezielle Relativitätstheorie gemerkt hast, kann man nicht über Zeit und Raum reden wie über zwei Sachen, die nichts miteinander zu tun haben. Sie hängen zusammen. Wenn sich etwas bewegt, verändert sich etwas im Raum. Die Geschwindigkeit wird ein Teil des Raums. Zeit und Raum schmelzen zu einer miteinander verbundenen Sache zusammen. Diese Sache nennt man Raumzeit.

Es war also nicht richtig, als ich gesagt habe, dass der Raum sich um schwere Sachen krümmt. Es ist die *Raumzeit*, die sich krümmt.

Wenn du kannst, schnapp dir eine extrem faule und fette Katze, dreh sie auf den Rücken und kraul sie so lange, bis sie einschläft. Dann nimmst du eine kleine schwere Eisenkugel und legst sie ihr auf den Bauch. Du wirst sehen, dass der Katzenbauch direkt unter der Kugel eingedrückt wird. Wenn du dann eine leichtere Kugel nimmst und sie in die Nähe der schweren Kugel legst, wird die leichtere Kugel hinunter zur schwereren rollen. Die schwere Kugel hat eine Krümmung oder Delle in den Bauch der dicken Katze gedrückt. Die kleine Kugel rollt hinunter zu der großen.

Bei den Planeten und der Sonne in der Raumzeit ist es das Gleiche, nur dass die Raumzeit in vier Dimensionen gekrümmt wird. Es ist schwirig, sich das vorzustellen, aber genau das hat Einstein herausgefunden. Und leichtere Sachen, die zu dicht herankommen, fallen oder rutschen hinunter zu der schweren Sonne. Dass die Planeten nicht in die Sonne stürzen, liegt daran, dass sie sich mit genau der richtigen Geschwindigkeit bewegen, um sich in ihrer Bahn halten zu können. Sie gleiten praktisch die ganze Zeit an der Sonne vorbei.

Du kannst den Versuch auch mit einem dicken Erwachsenen durchführen. Aber die meisten Erwachsenen werden nicht gern daran erinnert, dass sie dick sind. Deswegen nimm besser eine Katze, denen ist so etwas egal.

Wenn Einsteins Idee von der Raumkrümmung richtig ist, müssten beim Zusammenstoß der vielen schweren Sachen draußen im Universum Wellen in der Raumzeit entstehen. Wie Schallwellen, wenn du zwei Topfdeckel gegeneinanderschlägst. Aber die Schwerkraftwellen oder Gravitationswellen sind sehr klein. Es gehört wirklich sehr viel dazu, auch nur kleine Wellen in der Raumzeit zu erzeugen. 2016 haben Wissenschaftler zum ersten Mal Raumzeit-Wellen gemessen. Die Wellen entstanden, weil zwei extrem schwere Sachen, die man schwarze Löcher nennt, ineinandergekracht waren. Physiker auf der ganzen Welt flippten aus, weil es so irre war. Bis dahin konnte man das Universum nur untersuchen, indem man sich das Licht angeschaut hat, das es hervorbringt. Jetzt kann man auch die Krümmungen der Raumzeit messen. Es ist so, als ob wir nicht mehr bloß sehen, sondern plötzlich auch hören könnten.

Einstein fand also Folgendes heraus: Wenn man sich nahezu mit Lichtgeschwindigkeit bewegt, verhalten sich Zeit und Raum anders als für jemanden, der sich nicht bewegt. Und die Schwerkraft existiert, weil der Raum sich krümmt. Und Raum und Zeit bilden eine Einheit.

Ich hoffe, du hast ein Gefühl für das bekommen, was Einstein herausgefunden hat.

Das nächste Kapitel handelt von etwas, das du sehr gut kennst. Du siehst es jeden Tag, denkst aber nicht weiter darüber nach. Trotzdem ist die Wissenschaft sich nicht ganz im Klaren darüber, was es eigentlich ist oder wie es entstand.

Im nächsten Kapitel geht es um das Leben.

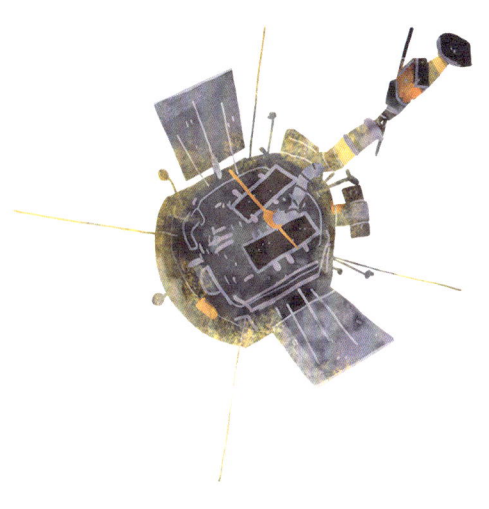

9. Kapitel

Das Leben

Atome und Moleküle, die in Wasser gelöst sind, können sich bewegen und zusammentreffen. Und sie können sich auf unterschiedliche Weise verbinden und neue Moleküle bilden. Man sagt, sie reagieren in chemischen Reaktionen miteinander. Einige dieser chemischen Reaktionen führten vor langer, langer Zeit dazu, dass etwas, das einmal reine Chemie war, zu etwas wurde, das man Leben nennt. Die Chemie wurde lebendig.

Das Leben, wie wir es kennen, entstand ein einziges Mal. Das muss vor etwa vier Milliarden Jahren geschehen sein. Alle lebenden Dinge sind mit dem Ersten verbunden, das gelebt hat. Deshalb sind wir allesamt miteinander verwandt. Du und ich, wir sind verwandt mit Spinnen und Buchen und Bakterien und Pilzen. Ist das nicht fantastisch?

9.1 Das erste Leben

Wie sah das erste Leben aus? Darüber wissen wir nichts. Gar nichts. Es ist eines der größten Rätsel der Biologie. Jeden Tag versuchen Wissenschaftler, zu erforschen, wie das erste Leben ausgesehen hat. Dabei sind viele spannende Ideen herausgekommen. Aber die Antwort werden wir wohl nie erfahren.

Versuch trotzdem, dir vorzustellen, wie Leben aus etwas, das nicht lebt, entstehen kann. Stell dir vor, man könnte das Leben von Grund auf erschaffen. Ein ziemlich verrückter Gedanke. Aber wir können nichts erschaffen, was wir nicht verstehen. Und das Leben haben wir noch nicht verstanden. Durch ein Mikroskop können wir ein Bakterium sehen, das lebt. Zu irgendeinem Zeitpunkt stirbt es, wie alles Leben irgendwann stirbt. Doch wir wissen nicht, warum es nun tot und nicht mehr lebendig ist. Die Moleküle im Inneren des Bakteriums sind dieselben wie vor einer Sekunde, als es noch gelebt hat. Wenn wir einem Fisch den Kopf abhacken, wundern wir uns nicht, dass er stirbt. Auch wenn die Moleküle in beiden Teilen des Fisches noch dieselben sind.

Ich habe eben von einem Bakterium gesprochen, weil es die einfachste Form von Leben ist, die wir kennen. Es hat keinen Kopf, den es verlieren kann. Es besteht sozusagen nur aus einer Reihe von Molekülen, die zusammenarbeiten und es lebendig machen.

Früher glaubte man an einen »Lebensgeist«, der das Lebende vom Unbelebten trennte. Das glaubt man heute nicht mehr. Wir wissen, dass etwas lebt, weil die Moleküle darin in einem Netzwerk zusammenarbeiten, das unglaublich kompliziert ist. Wir kennen allmählich alle Moleküle in einem Bakterium. Wir wissen, wie die meisten in 3-D aussehen, und wir wissen ziemlich viel darüber, welche Moleküle was bewirken. Aber warum ist das Bakterium lebendig? Das verstehen wir immer noch nicht. Vielleicht wirst du ja eines Tages herausfinden, warum etwas lebt und etwas anderes nicht.

Wenn wir eine Zeitreise in die Vergangenheit machen und das erste Lebewesen sehen könnten, könnten wir vermutlich gar nicht erkennen, dass es lebendig war. Es wäre sehr weit entfernt von dem, was wir heute Lebewesen nennen.

Nehmen wir zum Beispiel eine Uhr. So eine mit Zeigern und einem mechanischen Uhrwerk. Uhren können sehr unterschiedlich aussehen – aber im Inneren sind sie gleich. So ist es auch mit dem Leben. Alle lebendigen Dinge haben im Großen und Ganzen die gleiche molekulare Maschinerie in ihrem Inneren. Wenn wir uns andere lebende Dinge anschauen, sehen wir vor allem die Unterschiede. Wir finden, es gibt einen großen Unterschied zwischen einer Ziege und Farnkraut. Aber die grundlegende »Maschinerie«, die beide in Gang hält, ist die gleiche.

Wenn man sich auf Molekülgröße zaubern könnte, würde man den Unterschied zwischen einer Ziege und einem Farn nicht gleich erkennen. Ein Biologe könnte es bei genauer Betrachtung. Aber selbst die größten Experten wären nicht in der Lage, Menschen und Mäuse nur anhand ihrer Moleküle zu unterscheiden. Ich arbeite mit den Molekülen, die es in uns Menschen und in Tieren gibt. Wenn ich das Bild von einem tierischen Molekül vor mir habe, weiß ich nicht, ob es von einem Wurm oder von einem Affen stammt. So ähnlich sind wir uns!

Lebende Dinge nennt man übrigens »Organismen«. »Dinge« klingt so tot, finde ich. Chemie wurde lebendig, doch es handelt sich nach wie vor um Chemie. Alles, was in lebenden Zellen passiert, ist Chemie. Dabei ist es egal, ob es um ein Bakterium oder um eine Zelle in deinem Auge oder in deiner Leber geht. Ohne chemische Reaktionen könnte es kein Leben geben.

9.2 Drei große Gruppen

Wie du sicher weißt, hat sich das Leben im Laufe der Zeit völlig verändert. Aus etwas, von dem wir nicht wissen, was es war, entwickelte es sich zu kleinen bakterienartigen Organismen, dann zu Dreilappern und Dinosauriern, Eichhörnchen, Tulpen und Kolibakterien, die in unserem Darm leben. Versteh mich nicht falsch: Eichhörnchen und Tulpen leben natürlich nicht in unserem Darm, Kolibakterien dagegen schon.

Das Leben ist in drei Gruppen aufgeteilt: *Bakterien*, *Archaeen* und *Eukaryoten*. Ich erkläre dir gleich, was das für Typen sind.

Bakterien sind einzellige Organismen. Sie sind sehr klein und sie können unterschiedliche Formen haben. Viele sehen aus wie Lakritzstäbchen oder Jelly Beans. Bakterien leben unter dem Südpolareis, tief drinnen in der Erdkruste, auf Türklinken, in Ozeanen, in Seen, in deinem Darm – und an unzähligen anderen Stellen.

> In einer Handvoll Erde (140 g) befinden sich mehr Bakterien, als es Menschen auf der Erde gibt. In einem einzigen Gramm Leitungswasser (1 Milliliter) sind eine Million Bakterien.

Es gibt nur ganz, ganz wenige Bakterien, die uns krank machen können. Die allermeisten sind völlig ungefährlich. Es gibt so viele Arten von Bakterien, dass der Mensch längst nicht alle kennt. Es sind unvorstellbar viele.

Wenn du mal Langeweile hast, kannst du ja versuchen, neue Bakterienarten zu entdecken.

Archaeen zählte man bis vor Kurzem zu den Bakterien. Äußerlich haben sie ziemlich viel Ähnlichkeit mit Bakterien. Aber im Inneren sind sie so anders, dass sie ihre eigene Gruppe bekommen haben. Archaeen sind dafür bekannt, dass sie unter den irrsinnigsten Verhältnissen leben können. In Seen aus Schwefelsäure und auf dem Meeresgrund in 100 °C heißem Wasser aus dem Erdinneren. Es ist immer noch ein bisschen rätselhaft, wie sie das schaffen.

Zu den Eukaryoten gehört all das Leben, das wir mit den Augen sehen können: Pilze, Pflanzen und Tiere. Es gibt allerdings auch Eukaryoten, die so klein sind, dass wir sie nicht sehen können. Riesige Mengen sogar. Einige davon sind Einzeller. Archaeen und Bakterien werden Prokaryoten genannt. Die Übrigen nennt man Eukaryoten. Bei den Prokaryoten befinden sich alle Moleküle, die der Organismus braucht, im selben Bereich. Ihre Zelle ist also nicht unterteilt. Bei den Eukaryoten gibt es verschiedene Bereiche in der Zelle und in denen gehen unterschiedliche Dinge vor sich. Genau wie es unterschiedliche Teile in dir gibt, die unterschiedliche Funktionen haben: Herz, Magen, Lunge, Darm, Gehirn.

Die drei Gruppen haben sich im Verlauf von zwei bis drei Milliarden Jahren aufgespalten. Man glaubt, dass Eukaryoten von Archaeen abstammen. Und dass die Eukaryoten, wie wir sie heute kennen, entstanden sind, weil eine Bakterienzelle sich in einer anderen Zelle angesiedelt hat. Der Bereich in unseren Zellen, der Energie erzeugt – man kann ihn als Kraftwerk der Zelle bezeichnen –, ähnelt nämlich einer Bakterie. Diesen Bereich nennt man Mitochondrium. Aber darüber kannst du woanders mehr lesen.

Es vergingen Milliarden von Jahren, bis Organismen entstanden, die groß genug waren, dass man sie sehen konnte. Bis dahin bestand alles Leben aus einfachen Zellen. Einige von denen hingen wohl in Klumpen zusammen, aber sie waren ganz sicher nicht so weit entwickelt wie die heutigen vielzelligen Organismen. Zum Beispiel Blasentang und Läuse, Schildkröten und Champignons und du. Jetzt folgt die Geschichte über die Entstehung und Entwicklung des Lebens. So wie man Quantenmechanik und Relativitätstheorie braucht, um Atome und Galaxien zu verstehen, braucht man die Evolutionstheorie, um das Leben zu verstehen.

9.3 Evolution

Bevor ich versuche, dir zu erklären, was Evolution ist, muss ich dich ein bisschen schocken. Die meisten Leute, die ich kenne, glauben nämlich, sie würden verstehen, was Evolution ist. Aber ich kenne nur wenige, die sie wirklich begriffen haben. Die Evolution ist nämlich eine Mogelpackung. Sie klingt total einfach, ist aber in Wirklichkeit unglaublich kompliziert.

Ich wage trotzdem einen Erklärungsversuch, weil Evolution so wichtig ist, um uns selbst und das Leben um uns herum zu verstehen. Denn alles Leben befindet sich in einer ständigen evolutionären Entwicklung. Sie geht langsam voran, und wir leben nicht lange genug, um evolutionäre Prozesse beobachten zu können. Aber wir können die Arbeit der Evolution darin erkennen, wie alles Lebendige funktioniert.

Evolution bedeutet Entwicklung. Alle Organismen unterliegen einer sehr einfachen Regel, einem Naturgesetz. Ganz einfach ausgedrückt: Die Mitglieder einer Art, die die meisten Nachkommen haben, sind die Gewinner.

Wir machen ein Gedankenexperiment. Wenn es plötzlich ganz, ganz viele Kaninchen in der Natur gäbe, würde der Löwenzahn sich vielleicht so verändern, dass die Kaninchen von seinen Blättern Verstopfung bekämen. Nicht, weil der Löwenzahn weiß, wovon Kaninchen Verstopfung kriegen. Die Evolution beruht auf zufälligen Veränderungen im Erbmaterial – in der DNA der Organismen. Die DNA ist das Molekül, das bestimmt, wie der Organismus aussieht und was er kann und nicht kann (im Abschnitt 11.2 kannst du etwas über DNA lesen).

Angenommen, ein paar Löwenzahnpflanzen würden durch Zufall oder durch einen DNA-Fehler einen Stoff bilden, von dem die armen Kaninchen Magenbeschwerden bekommen. Diese »fehlerhaften« Löwenzahnpflanzen würden sich stärker vermehren als die anderen, weil die Kaninchen sie wohlweislich nicht mehr fressen würden. Und dadurch wären die veränderten Löwenzahnpflanzen nach einer Weile weiter verbreitet als die unveränderten Löwenzahnpflanzen.

Doch im Laufe der Zeit würde ein Kaninchen durch irgendeinen »Fehler« in seiner DNA die veränderten Löwenzahnblätter ohne Bauchschmerzen fressen können. Dann würde dieser Kaninchentyp bald die häufigste Art sein, denn Kaninchen mit Verstopfung haben ganz andere Probleme, als sich um die Fortpflanzung zu kümmern.

Denk mal über Folgendes nach: Den Teil der Löwenzahn-DNA, der den Kaninchen im Gedankenexperiment Bauchschmerzen gemacht hat, kann man mit einem Passagier im Löwenzahn vergleichen. Ein Passagier auf der Reise, die wir Leben nennen. Wenn der Passagier bewirkt, dass dieser Löwenzahn mehr Nachkommen bekommt als der andere Löwenzahn, dann wird irgendwann jeder Löwenzahn diesen Passagier an Bord haben. Bis die Umgebung sich so sehr verändert hat, dass man den Passagier nicht mehr braucht. Dann verschwindet er vielleicht ebenso still und leise, wie er gekommen ist.

Wir sind ein Fahrzeug und alle Teile unserer DNA sind Passagiere. Diese Teile nennt man Gene. Die Gene bezahlen für die Reise, indem sie uns den einen oder anderen Vorteil verschaffen und dafür sorgen, dass das Fahrzeug so gut wie möglich für die Reise ausgerüstet ist. Wenn ein Stück DNA dafür sorgt, dass das Fahrzeug nicht mehr so gut funktioniert, dann verschwindet es langsam im Laufe von Generationen.

So ist die Natur ständig dabei, sich zu verändern. Evolution bedeutet Veränderung.

9.4 Der Anfang

Wenn man auf Helgoland spazieren geht, hat man das Gefühl, auf einer sicheren Insel zu sein. Das ist auch so. Es ist eine Felseninsel. Sie kann nicht einfach verschwinden und ihre Küste wird nicht weggespült. Die übrigen deutschen Nordseeinseln bestehen hauptsächlich aus Sand und Erde – und trotzdem hat man das Gefühl, festen Boden unter den Füßen zu haben. Doch in Wirklichkeit gibt es auf der gesamten Erdoberfläche nichts, das immer gleich bleibt.

Wenn Millionen und Milliarden Jahre vergehen, verändern sich die Landschaften. Einiges verschwindet, andere Landstriche kommen dazu. Das passiert extrem langsam. Man sagt, es geschieht in geologischen Zeiträumen. Es bedeutet auch, dass es auf der Oberfläche der Erde nicht viel gibt, das schon von Anfang an da ist. Alles wird vermischt, wie ein Teig, den man durchknetet. Das liegt an der geologischen Aktivität, was nichts weiter heißt, als dass die Erde tief im Inneren in Bewegung ist. Aus diesem Grund gibt es auch Vulkane und Erdbeben.

Deshalb ist es schwierig, Informationen darüber zu bekommen, wie die Erde aussah, als sie noch ganz jung war. Und schwierig, Spuren des allerersten Lebens zu entdecken.

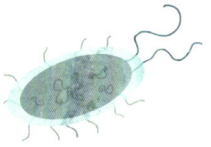

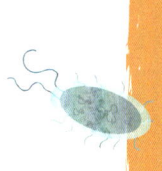

> Einige der ältesten Felsen findet man in Grönland. Dort hat man Spuren von etwas Lebendem entdeckt, das es vor 3,7 Milliarden Jahren gab und das ein bisschen an Bakterien erinnert. Man fand diese Spuren im Jahr 2016, kurz bevor ich mit dem Schreiben dieses Buches begann. Sie stammen aus der Zeit, als die Erde noch keine Milliarde Jahre alt war. Vielleicht waren es ja diese Bakterien, die im Laufe der Evolution zu all dem Leben wurden, das es jetzt auf der Erde gibt.

9.5 Leben an Land

Man glaubt, dass nach Entstehung der ersten bakterienähnlichen Organismen rund drei Milliarden Jahre vergingen, bevor das Leben an Land begann. Stell dir vor: In 90 Prozent der Zeit, die unser Planet existiert, gab es kein Leben auf den Landflächen.

Wenn du und ich damals mit einem Raumschiff zur Erde gereist wären, hätten wir einen öden Geisterplaneten vorgefunden, obwohl schon einige Millionen Jahre lang Leben vorhanden war. In den Meeren. Der Großteil dieses Lebens wäre für uns unsichtbar gewesen. Aber Wasserpflanzen, eine Art Seetang, müsste es schon gegeben haben.

Die ersten lebenden Organismen, die sich auf dem Festland ansiedelten, waren natürlich Pflanzen. Im Laufe der knapp drei Milliarden Jahre, bevor das passierte, waren die Eukaryoten entstanden – jene Organismen, die zu Pflanzen,

Pilzen und vor nicht allzu langer Zeit (wenn man bedenkt, wie viel früher das Leben entstanden ist) zu Tieren wurden.

Wie die ersten Pflanzen, die auf den Landflächen wuchsen, ausgesehen haben, weiß ich nicht. Stell dir vor: 20–30 Millionen Jahre lang gab es an Land zwar Pflanzen, aber keine Tiere. Wie wäre es wohl gewesen, wenn man damals einen Spaziergang auf der Erde gemacht hätte? Es gab Vulkane, Regenwetter und Sturm und so weiter. Aber an einem klaren, windstillen Tag wäre es vollkommen still gewesen. Nur seltsame Pflanzen, nichts regte sich. Keine Vögel, keine Insekten.

Doch das änderte sich irgendwann schlagartig. In sehr kurzer Zeit entstanden alle möglichen Tier- und Pflanzenarten. Dieses Ereignis nennt man die kambrische Explosion. Klingt heftig, oder? Das war vor 541 Millionen Jahren.

In den Meeren bildeten sich Würmer und sonderbare Tiere. Zum Beispiel Pfeilschwanzkrebse, die es bis heute gibt. Sie sehen nicht so aus, als ob sie sich in den letzten 450 Millionen Jahren groß verändert hätten.

Die meisten Tiere, die wir kennen, haben rotes Blut, weil der Sauerstoff, den wir einatmen, sich an Eisenatome bindet. Und Eisen mit Sauerstoff verfärbt sich rot, so wie Rost. Aber Pfeilschwanzkrebse haben Kupfer im Blut. Und Kupfer bleibt blau, wenn es sich mit Sauerstoff verbindet. Deshalb haben Pfeilschwanzkrebse blaues Blut. Von Adeligen sagt man manchmal, sie hätten blaues Blut. Das ist Quatsch, ihr Blut ist genauso rot wie deines.

Es entstanden Insekten, die sich mit den Pflanzen an Land verbreiteten, und in den Meeren entwickelten sich die ersten Fische. Vor 375 Millionen Jahren begannen die ersten fischähnlichen Tiere das Festland zu besiedeln. Darüber mehr in Kapitel 9.9.

Wenn es heißt, dass Insekten und andere Tiere das Festland besiedelten, klingt das, als hätten sie sich irgendwann dazu entschlossen. Als wären sie neugierig gewesen auf das, was da oben los sein mochte. Aber so war es nicht. Wie die Tiere leben, wie sie nach Nahrung suchen, ihre Nester bauen, sich vor Fressfeinden schützen und so weiter – all das ist ihnen einprogrammiert. Und das Programm, das in ihnen angelegt ist, wird als Erbgut bezeichnet. Das Erbgut besteht aus fadenförmigen Molekülen, die man DNA nennt. (Davon habe ich dir schon ein bisschen im Kapitel über die Evolution erzählt. In Kapitel 11.2 erfährst du mehr über die DNA.) Wie alles Lebendige sind Tiere eine Art chemische Roboter, die sich genau so verhalten, wie es in ihrer DNA programmiert ist.

Vor 375 Millionen Jahren gab es einen Fisch, dessen Code ein kleines bisschen von dem der anderen Fische abwich. Und dieser Code bewirkte, dass der Fisch sich ein kurzes Stück aus dem Wasser schlängelte und von den Pflanzen am Strand fraß. Das war ein Vorteil für ihn, denn er wurde ein bisschen stärker als die anderen und bekam mehr Nachkommen, die denselben veränderten Code erbten. Und nach einigen Hunderttausend Jahren hatte sich der Code seiner Nachkommen vielleicht so stark verändert, dass sie die Fähigkeit entwickelten, an Land herumzukrabbeln.

> Fast alle Insekten haben Flügel. Aber die ersten Insekten auf der Erde hatten keine. Und in deinem Badezimmer kannst du vielleicht einem davon begegnen. Silberfischchen sind flügellose Insekten, die sich seit rund 400 Millionen Jahren nicht verändert haben. Sie haben vier Massenaussterben überstanden und fanden ein Zuhause bei uns Menschen.

In gewisser Weise sind auch wir Menschen chemische Roboter. Wir tun viele Dinge, die uns einprogrammiert sind. Aber wir Menschen wissen, dass wir auf der Welt sind und dass wir eines Tages sterben. Es gibt wohl keine anderen Tiere, denen das klar ist. Wir wissen jedoch nicht, wie viel von dem, was wir tun, vorprogrammiert ist und wie viel wir aus freiem Willen tun.

Wenn kleine Kinder ständig nach Süßigkeiten schreien und immer darauf bestehen, die größte Portion zu bekommen, oder wenn ein Erwachsener ins Wasser springt, um jemanden zu retten, der sonst ertrinken würde: Sind das Entscheidungen, die man aus freiem Willen trifft, oder sind das Instinkte – Verhaltensweisen, die in dem Teil des Menschen einprogrammiert sind, der am meisten einem Roboter gleicht?

Das sind sehr knifflige Fragen, aber gerade deshalb macht es so viel Spaß, darüber nachzudenken!

9.6 Dreilapper

Wir Menschen halten uns gern für die Krone der Schöpfung, also das grandiose Ergebnis der Evolution. Wir gehen auf zwei Beinen und spielen Golf und bauen Schwimmbäder. Und zurzeit sind es auch wir Menschen, die das Festland beherrschen. Wir und alle anderen Säugetiere gehören zu den Tetrapoden, was Vierfüßer bedeutet. Wie dir wahrscheinlich schon aufgefallen ist, haben Menschen nur zwei Beine. Trotzdem gehören wir zu den Tetrapoden. Wir benutzen zwei der Beine als Greifwerkzeuge, sprich Hände. (Mehr darüber im Abschnitt 9.9.)

Auch wenn wir uns selbst für die Größten halten, glaube ich, dass die erfolgreichsten Tiere in der Geschichte unseres Planeten zu den Arthropoden gehören, also den Gliederfüßern. Das sind zum Beispiel Insekten, Spinnen, Skorpione und Krebstiere. Mit erfolgreich meine ich, dass sie an allen Orten der Welt leben und seit ihrer Entstehung immer da gewesen sind.

Nicht lange nach ihrer Entstehung entwickelten sich einige ziemlich coole Arthropoden, die Dreilapper oder auch Trilobiten hießen. Heute gibt es sie nicht mehr, aber damals waren sie in allen Meeren zu Hause. Ihr Körper hat drei von oben nach unten verlaufende Falten oder »Lappen«. Sie haben kein Skelett wie wir, sondern eine harte Außenschale wie Krebse, Insekten und Pfeilschwanzkrebse.

Alle Trilobiten waren nach demselben Schema aufgebaut. So wie die meisten Fische, die alle einen Kopf, Kiemen, Flossen, Schwanz und so weiter haben. Obwohl Goldfische und

Karpfen sehr unterschiedlich aussehen, sind sie ziemlich ähnlich aufgebaut.

Die ältesten Trilobiten-Fossilien, die man gefunden hat, sind 540 Millionen Jahre alt. Sie tummelten sich überall in den Ozeanen, und zwar – jetzt halt dich fest – über 170 Millionen Jahre lang. Man fand Fossilien (Versteinerungen) von ihnen auf allen Kontinenten. So viele, dass man im Geologischen Museum von Kopenhagen für wenig Geld echte Trilobiten-Fossilien bekommen kann! Natürlich habe ich mir eins gekauft, es liegt zu Hause auf meinem Schreibtisch. Ich finde, es ist richtig cool, etwas zu haben, das eine halbe Milliarde Jahre alt ist.

Heute kennt man über 20.000 Arten von Trilobiten. Und die Wissenschaftler entdecken jedes Jahr ein paar neue. Es gab winzig kleine Dreilapper, die nur knapp einen Millimeter groß waren, und auch bis zu 70 Zentimeter große. Manche Dreilapper fraßen kleine Algen und mikroskopisch kleine Tierchen, andere fraßen Seetang so wie Karpfen und wieder andere lebten räuberisch, verputzten also andere Trilobiten und die damaligen Fische. Einige hatten gestielte, nach oben ragende Augen, sodass sie sehen konnten, ob etwas Essbares vorbeischwamm, während sie selbst im Sand vergraben lagen. Einige krabbelten in Tangwäldern herum und fraßen Würmer, manche lebten in riesigen Schwärmen, andere blieben allein und verkrochen sich unter Steinen. Sie hatten ganz bestimmt auch alle möglichen Farben, aber darüber wissen wir nichts. An Fossilien kann man die Farbe nicht erkennen.

Trilobiten waren vielleicht die ersten Tiere auf der Erde, die sehen konnten. Sie hatten also die Fähigkeit, in ihrem

Gehirn Bilder von ihrer Umgebung zu erzeugen. Auch Fische entwickelten Augen, jedoch erst viel später als die Dreilapper.

9.7 Dinosaurier

Ich glaube, wenn man aus all den Büchern, die über Dinosaurier geschrieben wurden, Toilettenpapier machen würde, müssten wir uns alle nie wieder welches kaufen. Die Dinosaurier sind so beliebt, weil sie so cool sind. Und weil es so viele Fossilien von ihnen gibt. Und weil einige von ihnen unglaublich riesig waren.

Die Bilder, die wir von ihnen haben, stimmen jedoch nicht ganz. Eigentlich stimmen sie überhaupt nicht. Wir haben sie ja niemals zu sehen bekommen. Aber anhand der Fossilien, die man gefunden hat, kann man vieles erkennen. Man kann sehen, wo die Muskeln gesessen haben und wie groß sie waren, und das verrät uns viel darüber, wie die Urzeittiere ausgesehen haben müssen.

Dinosaurier entstanden einige Millionen Jahre nach dem großen Massenaussterben vor 542 Millionen Jahren. Eine Abstammungslinie wurde zu Krokodilen, eine andere zu Pterosauriern (Flugechsen) und die dritte Linie entwickelte sich zu Dinosauriern. Zusammen nennt man sie Archosaurier. Es vergingen viele Millionen Jahre, bevor die eigentlichen Dinosaurier entstanden. Ihre Vorgänger, die Silesaurier, waren nicht sehr groß und in erster Linie Pflanzenfresser. Die vorherrschenden Raubtiere stammten damals aus der Krokodilfamilie.

Die ersten »richtigen« Dinosaurier entstanden vor 231 Millionen Jahren. Sie teilten sich in zwei Gruppen auf, die man Ordnungen nennt. Die eine Ordnung hat Beckenknochen, die denen von vierbeinigen Echsen ähneln, deshalb nennt man sie »Echsenbeckensaurier« oder auf Lateinisch Saurischia. Die zweite Ordnung hat Beckenknochen, die denen von Vögeln ähneln, die nennt man »Vogelbeckensaurier« oder Ornithischia. Darin steckt das griechische Wort *Ornis*, das Vogel bedeutet. In der Wissenschaftssprache wimmelt es nur so von griechischen Wörtern.

Die meisten Saurischia (Echsenbeckensaurier) waren Raubtiere (zum Beispiel *Tyrannosaurus rex*) und die meisten Ornithischia (Vogelbeckensaurier) waren Pflanzenfresser (zum Beispiel Stegosaurus).

9.7.1 Saurischia

Die Saurischia-Dinosaurier sind wahrscheinlich die bekanntesten. Zur Ordnung Saurischia gehören zum Beispiel die Sauropoden, die größten Tiere, die jemals auf der Erde herumgelaufen sind (zumindest wurden bislang keine größeren gefunden). Und die Theropoden, zu denen sowohl monsterartige Raubdinosaurier wie *Tyrannosaurus rex* als auch die Vögel gehören. Ja, du hast richtig gelesen: Vögel. Die Vögel sind die einzigen Dinosaurier, die das große Massenaussterben vor 66 Millionen Jahren überstanden haben.

Hier kann man leicht durcheinanderkommen. Vögel gehören nicht zu den Vogelbeckensauriern (Ornithischia). Sie haben sich aus den Echsenbeckensauriern (Saurischia) entwickelt. Die Beckenknochen der Vögel ähneln denen der

Vogelbeckensaurier, aber sie haben sich erst viel später entwickelt.

Doch jetzt soll es nicht um Vögel gehen. Das kommt in Kapitel 9.8. Zuerst erzähle ich dir etwas über die verschiedenen Saurischia-Gruppen.

Eine Untergruppe der Saurischia sind die Sauropoden. Sie waren Pflanzenfresser und hatten einen sehr langen Hals, einen langen Schwanz und einen klitzekleinen Kopf. In den Biologiebüchern der 1970er-Jahre steht sogar die Vermutung, dass sie ausgestorben sind, weil ihr Kopf im Verhältnis zum Körper zu klein war. Das ist aber totaler Quatsch. Wenn sie einen größeren Kopf gebraucht hätten, dann hätten sie einen gehabt. Sie wurden nicht in einer Fabrik hergestellt, in der die Ingenieure Mist gebaut haben. Sie entstanden durch die Evolution. Und die Evolution schafft kein Tier, das nicht lebensfähig ist, es sei denn, die Umwelt würde sich so schnell verändern, dass die Evolution nicht mithalten kann.

Einer der bekanntesten Sauropoden ist der *Brachiosaurus*, was übrigens »Armechse« bedeutet. Aber eigentlich hat er keine richtigen Arme. Seine Vorderbeine sind länger als seine Hinterbeine. *Brachiosaurus* wurde mindestens 23 Meter lang, und man hat ausgerechnet, dass er bis zu 50 Tonnen wog (genauso viel wie acht Afrikanische Elefanten). Ein ordentlicher Brocken. Aber es gab sowohl größere als auch kleinere Sauropoden. Die kleinen Sauropoden nennt man »Zwerg-Sauropoden«. Aber auch die waren ziemlich groß – etwa 10–15 Meter lang.

Der größte Sauropode, den man jemals gefunden hat, ist *Argentinosaurus huinculensis*. Rate mal, in welchem Land der entdeckt wurde! Er konnte wohl 60–80 Tonnen wiegen und über 40 Meter lang werden. Ist das nicht irre? Ein 40 Meter langes Tier! Warum sind sie wohl so groß gewesen? Einer der Gründe könnte sein, dass es kein Raubtier gab, das ihnen etwas anhaben konnte. Sie konnten in aller Ruhe umherspazieren und Pflanzen mampfen, ohne sich vor den Angriffen hungriger Feinde fürchten zu müssen.

Stell dir vor, du würdest auf einer Wiese stehen und einige Argentinosaurier vorbeiziehen sehen. Die Erde erzittert. Ihre langen Hälse wogen ihnen voraus. Ihre Füße hinterlassen gewaltige Abdrücke in der Erde. Als sie näher kommen, kannst du ihre Atemzüge hören. Sie haben sich sicher mit irgendwelchen Lauten verständigt. Aber niemand weiß, wie sie sich anhörten, und niemand wird es jemals erfahren.

Zu den Saurischia gehörten auch die Theropoden, was in etwa Monsterfuß bedeutet. Nicht dass die Wissenschaftler keine Fantasie hätten. Ich sehe sie vor mir sitzen, wie sie sich die Fossilien anschauen und sagen: »Uh, die Füße sehen aber gefährlich aus. Wir nennen diese Dinosaurierart Monsterfuß!« Ich habe ja schon erklärt, dass auch Vögel Theropoden sind. Ich finde jetzt nicht, dass die Füße einer Möwe sonderlich monstermäßig aussehen. Aber okay, sie entwickelten sich aus Dinosauriern, die ziemlich gefährlich aussehende Füße mit Krallen hatten. In Kapitel 9.8 kannst du etwas über Vögel lesen.

Es gab auch Theropoden, die keine Vögel waren. Einige von ihnen kennst du bestimmt. Sie liefen auf den Hinterbeinen und besaßen armähnliche Vorderglieder. Am dichtesten dran an den Vögeln ist zum Beispiel der *Velociraptor*. Er hatte Luft in den Knochen wie ein Vogel und war bestimmt sehr leicht und schnell. *Velociraptor* bedeutet »schneller Räuber«. Er war zwei Meter lang und wog so viel wie ein mittelgroßer Hund.

Dann gibt es natürlich noch die Tyrannosaurier-Familie. Du kennst sicher den bis zu 13 Meter großen König, *Tyrannosaurus rex* (*Rex* bedeutet nämlich König). Er hatte eine Hüfthöhe von 3,5 Metern und wog bis zu 10 Tonnen. Er hatte den kräftigsten Biss, den ein Landtier jemals hatte. Haps! Aber man weiß immer noch nicht, ob er ein Aasfresser war, ob er besonders weit laufen konnte, ob er im Rudel jagte und so weiter. Man weiß nicht einmal, wozu er seine Mini-Arme gebraucht hat. Dass er seine Arme benutzt hat, weiß man aber, denn man kann sehen, dass sich darin kräftige Muskeln befanden. Doch sie reichten nicht bis an sein Maul, und um sich zu kratzen, taugten sie auch nicht viel. Ein großes Rätsel.

Tyrannosaurus rex war einer der letzten Dinosaurier, die sich entwickelten, und er existierte »nur« zwei Millionen Jahre lang, bevor er vor 66 Millionen Jahren zusammen mit den anderen Nichtvogeldinosauriern ausstarb.

9.7.2 Ornithischia

Ornithischia bedeutet wie gesagt Vogelbeckensaurier, weil die Beckenknochen dieser Saurier denen von Vögeln ähneln. Auch ihr Maul sieht ein bisschen schnabelartig aus. Aber wie ich schon erklärt habe, entwickelten sich die Vögel nicht aus den Ornithischia. Die Vögel gehören zu den Saurischia. Kein Wunder, dass man da leicht durcheinanderkommen kann.

Die allermeisten Ornithischia waren Pflanzenfresser. Die größten waren bis zu 15 Meter groß. Die kleinsten maßen nur 70 Zentimeter und waren die kleinsten Dinosaurier, die man kennt.

Stegosaurus ist einer der bekanntesten Dinosaurier, er kommt in vielen Filmen vor und man findet ihn garantiert als Holzpuzzle in Geschäften mit Modellbastelsets. Er gehört zur Untergruppe der Thyreophora Stegosauria (oder: Schildträger) und ist ziemlich cool. Und leicht zu erkennen: Er hatte nämlich große Knochenplatten auf dem Rücken. Vielleicht kannst du dir ja einen zum Geburtstag wünschen. Ich hatte mal einen. Leider ist er eines Tages runtergefallen und war kaputt. Vielleicht wünsche ich mir auch einen neuen.

Stegosaurier wurden etwa neun Meter lang. In Nordamerika hat man eine ganze Reihe von ihnen gefunden. Im Verhältnis zu seinem Körper war der Kopf des *Stegosaurus* winzig klein. Aus seinem Rücken ragten kantige Platten, die abwechselnd nach links und rechts geneigt waren. Die Platten bestanden aus harter, knochenartiger Haut. Außerdem hatte er zwei Paar lange Schwanzstacheln. Seine Vorderbeine waren deutlich kürzer als seine Hinterbeine. Dadurch konnte er sich wahrscheinlich sehr schnell herumdrehen, um den Schwanz im Kampf zu schwingen.

Viele der großen pflanzenfressenden Ornithischia-Saurier sahen ziemlich merkwürdig aus. Der Bekannteste ist wohl *Triceratops*, was Dreihorngesicht bedeutet. (Er gehört zur Ornithischia-Gruppe der Marginocephalia.) *Triceratops* war ein Pflanzenfresser. Er konnte neun Meter lang werden und sah wahrscheinlich ein bisschen aus wie ein Nashorn. Wenn man sich den kragenartigen Nackenschild hinter seinem Kopf wegdenkt. Und seinen Echsenschwanz. Kein runterhängender Schwanz mit einer Quaste am Ende wie beim Nashorn.

Zur Ornithischia-Gruppe gehören auch die Ornithopoden. Das bedeutet Vogelfüßer. Du erinnerst dich, Vögel gehören zu den Sauropoden und haben nichts mit den Ornithopoden zu tun. Man fand nur, dass ihre Füße so ähnlich aussahen wie Vogelfüße.

Eine der Ornithopoden-Familien nennt man Entenschnabelsaurier, weil ihr Maul ein bisschen an einen Entenschnabel erinnert. Zur Familie der Entenschnabelsaurier gehört zum Beispiel *Parasaurolophus*. Er war ein friedlicher Pflanzenfresser und käute seine Nahrung wieder, so wie Kühe das machen. Wenn seine Zähne runtergekaut waren, konnte er sie auswechseln. Wir Menschen haben zwei Sätze von natürlichen Zähnen: unsere Milchzähne und unsere bleibenden Zähne. *Parasaurolophus* hatte über 100 neue Zähne in Reserve!

Die ulkige Keule, die er auf dem Kopf trug, ist noch immer ein Rätsel. Dieser nach hinten ragende Knochenzapfen bildete sich erst beim erwachsenen *Parasaurolophus* und konnte bis zu zwei Meter lang werden! Ein Forscher hat mal behauptet, dass er vielleicht eine Art Schnorchel war, der es *Parasaurolophus* ermöglichte, zu atmen, wenn er in Seen und an der Küste nach Futter suchte. Andere hielten ihn für eine Erweiterung der Nase, durch die er besonders gut riechen konnte. Wieder andere vermuteten, dass er mithilfe der Keule auf dem Kopf seine Körpertemperatur geregelt hat. Es gab die wildesten Theorien, aber man weiß bis heute nicht, wozu er die skurrile Riesenkeule tatsächlich benutzt hat.

Parasaurolophus konnte sowohl auf zwei als auch auf vier Beinen gehen. Aber wenn er es eilig hatte, sauste er auf zwei Beinen los. Wenn er Blätter von den Bäumen fressen wollte, konnte er sich auf die Hinterbeine stellen und höhere Äste erreichen. Dabei brauchte er sich noch nicht mal am Baum abzustützen, denn sein Schwanz diente als Gegengewicht.

In der Forschung ist es so, dass die Wissenschaftler ständig mehr und mehr Informationen zusammentragen. Sie graben neue Dinosaurierfossilien aus und erfinden neue Methoden, um sie zu untersuchen.

Während ich das Kapitel über Dinosaurier geschrieben habe, passierte etwas, das die Dinosaurierforschung auf den Kopf stellte. Statt die Dinosaurier nach Echsen- und Vogelbecken einzuteilen, schaute man sich die Formen ganz vieler verschiedener Knochen an. Und als man die Dinosaurier nach dem einteilte, was sie gemeinsam hatten, entdeckte man zur großen Überraschung der Wissenschaftler, dass die Theropoden (die mit *Tyrannosaurus rex*) zur Ornithischia-Gruppe gehörten! Und wie du vielleicht noch weißt, sind Vögel Theropoden. Und jetzt sollen sie plötzlich doch zu den Vogelbeckendinosauriern (Ornithischia) gehören.

Die beiden Wissenschaftler, die die neue Einteilung entwickelt haben, meinen, man solle die neue Ordnung (Ornithischia inklusive Theropoden) Ornithoscelida nennen. Zurzeit untersuchen viele Wissenschaftler, ob das richtig sein kann. Vorläufig gilt jedoch noch die »alte« Einteilung.

9.8 Vögel

Einige Forscher wollten unbedingt herausfinden, wie viele Vögel es gibt. Das ist natürlich vollkommen unmöglich. Man kann nicht auf der ganzen Erde herumlaufen und alle zählen. Aber diese Forscher haben versucht, die Zahl zu schätzen. Und nach ihrer Schätzung soll es auf der Erde zwischen 100 und 400 Milliarden Vögel geben! Das sind ziemlich viele, im Vergleich zu sieben Milliarden Menschen und 30.000 Nashörnern.

Man kennt über 10.000 Vogelarten. Damit sind sie die größte Gruppe der Tetrapoden (Tiere mit vier Beinen). Wir sind auch Tetrapoden. Und Flusspferde und Maulwürfe und Eidechsen auch. Wir Menschen benutzen die Vorderbeine als Arme und Hände, Vögel benutzen sie als Flügel.

Wie gesagt sind Vögel direkte Nachfahren der Dinosaurier. Vögel lebten ja sogar zur gleichen Zeit wie Dinosaurier. Von allen Dinosaurierarten überlebten nur die Vögel das große Massenaussterben vor 66 Millionen Jahren.

> Man hat Fossilien gefunden, die aussehen wie eine Mischung aus Dinosauriern und heutigen Vögeln. Am berühmtesten ist *Archaeopterix*, der vor 147 Millionen Jahren lebte. Im Gegensatz zu allen heute lebenden Vögeln hatte er Zähne. Und Krallen an den Flügeln. Es gibt heute nur einen einzigen Vogel, der so etwas hat. Er heißt Hoatzin und ist ein echt schräger Vogel. *Archaeopteryx* hatte einen Schwanz wie ein Dinosaurier. Wahrscheinlich konnte er fliegen, aber nicht so gut wie die heutigen Vögel.

Bis heute entdeckt man ständig neue Vogelarten. Wenn ich sage, dass es über 10.000 sind, dann, weil es nicht ganz einfach ist, eine genaue Zahl zu nennen. Die Vögel haben sich über die ganze Erde ausgebreitet. Das haben wir Menschen auch getan. Nur an einem Ort nicht. Das Klima ist einfach zu rau, als dass Menschen dort leben könnten: in der Antarktis (das Gebiet rund um den Südpol). Aber Vögel gibt es auch dort, und zwar Pinguine.

Vögel leben nicht nur an allen Orten der Erde, sie haben auch alle erdenklichen Lebensweisen angenommen. Kolibris ernähren sich wie Bienen von Blütennektar. Strauße grasen in der Savanne. Manche Vögel tauchen unter Wasser, um Fische zu fangen. Zum Beispiel Kormorane, Pelikane und Haubentaucher. Geier ernähren sich von Aas (also von toten Tieren), Seeadler jagen Fische, Wasservögel und Kaninchen.

Manche Vögel sind also Pflanzenfresser, andere fressen kleinere oder größere Tiere und wieder andere sind Allesfresser. Man sieht: Vögel haben die meisten Lebensweisen übernommen, an die Dinosaurier sich angepasst hatten. Sie wurden zwar nie so groß wie die größeren Saurierarten, aber zwischendurch gab es ein paar richtige Monstervögel.

Zum Beispiel die Familie der Terrorvögel (ja, so werden sie genannt). Eine Art dieser Familie wurde 2,5 Meter groß und wog 130 kg. Ein solcher Vogel konnte nicht fliegen, aber er lief herum und jagte Tiere, die er mit seinem großen, spitzen, beilartigen Schnabel in Stücke hackte.

Oder der geierähnliche *Argentavis magnificens*, der 1,5 Meter hoch war, 70 kg wog und eine Flügelspannweite von sieben Metern hatte. Vor nicht allzu langer Zeit habe ich einen Seeadler von Nahem gesehen. Ein großer, beeindruckender Vogel! Ein ausgewachsener Seeadler hat einen etwa ein Meter langen Körper und eine Spannweite von 2,4 Metern. Schade, dass man heute keinen *Argentavis magnificens* mehr beobachten kann!

Von den heute lebenden Vögeln hat der Albatros die größte Spannweite. Seine Flügel messen von einer Flügelspitze zur anderen im Durchschnitt drei Meter.

Vögel kann man daran erkennen, dass sie einen Schnabel, Federn, hohle, leichte Knochen und keine Zähne haben. Außerdem pinkeln Vögel nicht. Wenn man so leicht wie möglich sein will, ist es keine gute Idee, viel Flüssigkeit im Körper zu haben. Deshalb haben die Vögel das Pinkeln eingestellt. Wir Menschen pinkeln, um die Abfallstoffe loszuwerden, die unser Körper nicht braucht, vor allem den Überschuss des Elements Stickstoff (N). Und die Vögel?

> Den überschüssigen Stickstoff werden wir los, indem wir ihn in ein Molekül einbauen. Bei den meisten – auch bei uns Menschen – ist dieses Molekül Harnstoff (Urea). Es wird zusammen mit Wasser als Urin ausgeschieden.

Auch Vögel müssen den überschüssigen Stickstoff loswerden. Sie haben aber ein anderes Molekül als zum Beispiel wir Menschen, das den Stickstoff aus ihrem Körper abtransportiert. Es heißt Harnsäure und wird zusammen mit dem Vogelkot ausgeschieden. Wenn du dir einen Vogelklecks anschaust, kannst du etwas Weißes darin sehen. Das ist die Harnsäure.

Vögel sind endotherm – genauso wie wir. Endotherm bedeutet, dass der Körper immer dieselbe Temperatur hat, egal, wie das Wetter ist. Bei uns Menschen beträgt die Temperatur in unserem Körper immer um die 37 °C. Es sei denn, wir sind krank und haben Fieber. Aber die Vögel haben eine Körpertemperatur zwischen 40 und 44 °C.

Daran muss ich denken, wenn ich einen Spatz im Winter bei minus 15 °C sehe, wenn es stürmt und schneit. Unter den Federn, die ihn warm halten, beträgt seine Temperatur vielleicht 42 °C. Das ist ein Unterschied von 57 °C. Solche Federn müssen ziemlich gut isolieren! Die kleinen weichen Federn, die man Daunen nennt, nimmt man ja auch für Bettdecken. Unter einer Daunendecke braucht man im Winter nicht zu frieren.

9.9 Säugetiere

Säugetiere sind zum Beispiel Pferde und Kängurus und Schnabeltiere. Und du. Du bist auch ein Säugetier. Nur Säugetiere können lesen. Genau genommen nur eine Art von Säugetier: der Mensch. Dazu kommen wir später.

Wie du in Kapitel 9.6 und 9.7 lesen konntest, wurde unser Planet in früheren Zeiten nicht von Säugetieren, sondern von anderen Tierarten beherrscht. Unter anderem von Dreilappern und Dinosauriern. Genau wie Dreilapper haben auch alle Säugetiere einen ähnlich aufgebauten Körper. Man kann sie daran erkennen, dass ihre Jungen von ihren Müttern gesäugt werden. Die meisten Säugetiere haben vier Beine und ein Fell und die Weibchen gebären lebende Junge. Von der ersten Regel (also dass Jungtiere von ihren Müttern gesäugt werden) gibt es keine Ausnahmen. Doch bei den anderen Regeln gibt es welche. Kennst du solche Ausnahmen?

Ein paar Beispiele: Wale haben weder vier Beine noch ein Fell. Nacktratten haben auch kein Fell. Schnabeltiere legen Eier. Es gibt tatsächlich nur eine Sache, die bei allen Säugetieren gleich ist: drei winzig kleine Knöchelchen im Ohr. Sie heißen Hammer, Amboss und Steigbügel. Sie vibrieren, wenn Laute ins Ohr dringen, und sorgen so dafür, dass das Gehirn über Geräusche informiert wird. Ohne diese Knöchelchen wärst du taub.

Vor 275 Millionen Jahren lebten Tiere auf der Erde, die man Therapsiden nennt. Wir sind in direkter Linie mit den Therapsiden verwandt. Sie hatten ziemlich viel Ähnlichkeit mit Echsen, aber ihre Beine sahen ein bisschen anders aus.

Denken wir an eine Eidechse. Ihre Beine stehen seitlich vom Körper ab und die Füße sind nach außen gerichtet. Die Füße der Therapsiden sind dagegen nach vorn gerichtet. Im Laufe von Millionen von Jahren wanderten ihre Beine allmählich unter ihren Körper, bis ihre Zehen nach vorn zeigten, so wie deine Zehen. Das hat einen Nachteil, denn wenn man mit dem Fuß gegen ein Tischbein stößt, tut das höllisch weh. Dieses Problem haben Echsen nicht. Aber sie haben ja auch keine fiesen Tischbeine. Zurück zum Thema:

Die Therapsiden waren immer noch keine Säugetiere. Sie sind nur die Ersten in einer langen Reihe von Arten, die sich langsam zu Säugetieren entwickelten. Das erste richtige Säugetier, das man kennt, entstand vor 225 Millionen Jahren, etwa um die Zeit, als auch die ersten Dinosaurier entstanden.

Das erste Säugetier könnte ein Emil gewesen sein. Den Namen habe ich ausgesucht, denn das Tier hat nur den wissenschaftlichen Namen *Morganucodon*. Es war etwa 10–15 Zentimeter lang, also ziemlich klein. Man weiß nicht, wie es wirklich ausgesehen hat. Es könnte einer Spitzmaus ähnlich gesehen haben. Ich nenne das Tierchen Emil nach meinem Urgroßvater, der auch Emil hieß.

Später folgte ein sehr bekanntes Säugetier namens *Repenomamus*. Bekannt ist es aber nur unter Wissenschaftlern, die sich für die Evolution interessieren. Es ist das größte Säugetier, das zur gleichen Zeit wie die Dinosaurier gelebt hat. Es war einen halben Meter lang. Ja, das klingt nicht wahnsinnig groß. Aber die anderen Säugetiere, die man aus dieser Zeit kennt, waren sehr klein, so wie Emil, und ziemlich unscheinbare Tierchen. Sie waren vor allem nachts unterwegs. Bestimmt, um nicht von gefräßigen Dinosauriern verspeist zu werden.

Vor nicht allzu vielen Jahren fand man in China ein *Repenomamus*-Fossil, das wirklich gut erhalten war. Und in seinem Magen entdeckte man kleine Dinosaurierbabys, die es gefressen hatte! Glaub mir, bei der Nachricht ist so mancher Evolutionsforscher vom Stuhl gefallen. Es gab also Säugetiere, die Dinosaurier jagten und fraßen.

Dann kam das große Massenaussterben vor 66 Millionen Jahren, dem alle Dinosaurier zum Opfer fielen, die keine Vögel waren. Ein gewaltiger Meteorit traf die Erde und alles versank in Staub und Dunkelheit und Kälte. Gut, dass die Vögel das überstanden haben. Stell dir mal vor, es gäbe keine Vögel!

Einige der Säugetiere überlebten, und in den Jahren nach der Katastrophe teilten sie sich in neue Arten auf, die sich in weitere neue Arten aufteilten, und so weiter. Und wie zur Zeit der Dinosaurier entstanden kleine und große Tiere, Raubtiere, Aasfresser, fliegende Arten, Pflanzenfresser und obendrein noch Meerestiere. Es klingt unglaublich, aber Wale waren früher Landsäugetiere. Nach und nach veränderte sich ihr Körper, bis sie schwimmen und tauchen konnten, um tief im Meer nach Nahrung zu suchen.

Auf der ganzen Welt gibt es nur eine einzige Menschenart. Im Vergleich dazu gibt es zum Beispiel 32 Maulwurfs- und zwei Elefantenarten. Und man kennt 2.277 Nagetierarten! Wollte man einen Wettbewerb starten, welche Säugetiergruppe die meisten Arten hat, würden die Nagetiere haushoch gewinnen. Nagetiere sind zum Beispiel Mäuse, Chinchillas, Biber und Ratten. Auf Platz zwei kämen die Fledermäuse mit 1.240 Arten.

Menschen können viele Sachen, aber wir können nicht aus eigener Kraft fliegen. Das finde ich ein bisschen ärgerlich. Aber wenn wir es könnten, würden wir es wahrscheinlich gar nicht so toll finden. Wir wären ja daran gewöhnt. Und es gäbe Unmengen von Regeln: Das Fliegen auf dem Schulhof ist verboten. Das Landen auf den Hausdächern fremder Leute ist untersagt. Es ist strengstens verboten, in der Küche mit den Flügeln zu schlagen. Und Achterbahnen wären stinklangweilig. Vielleicht ist es besser, nur vom Fliegen zu träumen, als es wirklich zu können.

Früher sagte man, dass Bakterien die primitivsten Organismen seien und Menschen die höchstentwickelten. Das sagt man heute nicht mehr. Es ergibt nicht viel Sinn, eine solche Rangliste aufzustellen. Man kann sagen, dass manche Organismen einfacher aufgebaut sind als andere. Bakterien bestehen nur aus einer Zelle und die ist ziemlich simpel aufgebaut. Aber sie sind am längsten hier gewesen. Mindestens 3,7 Milliarden Jahre lang. Sie haben sämtliche Massenaussterben überlebt. Einmal war die ganze Welt von Eis und Schnee bedeckt. Auch da sind sie klargekommen. Und es gibt sie überall. Wenn man es so betrachtet, kann man sagen, dass sie die erfolgreichste Lebensform sind.

Beim Menschen haben sich an den Vordergliedern Hände entwickelt. Damit kann er irrsinnig komplizierte Dinge tun. Und sein Gehirn ist ganz klar das abgefahrenste, was die Welt je gesehen hat. Aber in vielen anderen Bereichen ist der Menschen nicht besonders begabt. Er läuft nicht besonders schnell und mit seinem Geruchssinn ist es auch nicht weit her. Und er kann nicht fliegen. Aber er kann Jo-Jo spielen, wenn er übt.

9.10 Die Organismen werden von einem Schweden sortiert

Es war einmal ein Schwede, der hieß Carl von Linné und lebte vor 300 Jahren. Wenn du dir ein Bild von ihm anschaust, ist es ein Gemälde, denn die Fotografie war damals noch nicht erfunden. Auf den Gemälden trägt er eine Perücke mit weißen Kringellöckchen und eine Schleife um den Hals. Er war der Erste, der Pflanzen und Tiere danach in Gruppen einteilte, wie sehr sie einander ähnelten. Und er gab ihnen lateinische Namen, die die Wissenschaftler bis heute benutzen. Obwohl er auf der ganzen Welt herumreiste und Unmengen von Pflanzen und Tieren sammelte, kannte er natürlich nicht sämtliche Organismen und konnte deswegen nicht jeden einzelnen benennen.

Das Wichtigste war jedoch, dass er ein System erfand. Wenn wir Wissenschaftler erzählen, dass wir eine *Drosophila melanogaster* untersucht haben, sprechen wir von einer Fruchtfliege. Linné hat den Menschen *Homo sapiens* genannt, was »der denkende Mensch« bedeutet. *Tyrannosaurus rex* bedeutet »König der Tyrannenechsen«. Das passt ja ganz gut. *Sauria* ist ein altes griechisches Wort für Echse.

Wissenschaftler benutzen die lateinischen Namen nicht, um sich als Schlauköpfe aufzuspielen. Auch sie finden, dass sie manchmal schwierig auszusprechen sind. Aber es ist eine praktische Methode, lebende und ausgestorbene Organismen nach ihrem Platz in der Entwicklungsgeschichte des Lebens zu sortieren. Die beiden Namen sind praktisch wie dein Vor- und Nachname. Nur umgekehrt. Der erste Name ist der Familienname, und der zweite ist der Name, den dieser bestimmte Organismus trägt.

> Man schreibt übrigens die wissenschaftlichen Namen mit schräg gestellten Buchstaben *(kursiv)*. Nur damit du dich nicht wunderst, wenn ich das tue.

Wenn du mit Nachnamen Lupus heißen würdest, kann es sein, dass deine Oma auch Lupus mit Nachnamen heißt. Sie heißt vielleicht Annette, deine Mutter heißt vielleicht Kerstin und du heißt Sally Lupus. Das mit den verschiedenen Vornamen ist clever, denn so weiß man, dass ihr nicht ein und dieselbe Person seid. Das mit demselben Nachnamen ist auch clever, denn so weiß man, dass ihr miteinander verwandt seid. Ihr gehört zur selben Art, *Homo sapiens*.

In der Biologie benutzt man denselben Familiennamen für unterschiedliche Organismen, weil sie in der Evolution dicht beieinander liegen. Man sagt, dass sie evolutionär miteinander verwandt sind. Jeder Organismus hat dann wieder seinen eigenen Vornamen, damit man weiß, dass es sich um verschiedene Arten handelt.

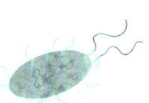

10. Kapitel

Der Mensch

Charles Darwin, der Mann, der die Evolutionstheorie bekannt machte, behauptete, dass die Art des Menschen *(Homo sapiens)* sich aus einer Art entwickelte, die auch ein Vorfahr der Schimpansen war. Und er glaubte, dass der Mensch in Afrika entstanden ist, und es scheint, als hätte er in beiden Punkten recht gehabt.

Menschen und Schimpansen hatten vor 7–10 Millionen Jahren einen gemeinsamen Vorfahren. Die Artenlinie, die zum *Homo sapiens* führte, ist noch immer nicht ganz erforscht. Ständig gibt es neue Erkenntnisse, durch die das Verständnis unserer Evolution immer wieder ein bisschen verändert wird.

Ein Grund für die Verwirrung ist, dass mindestens zehn unterschiedliche Menschenarten auf der Erde gelebt haben. Einige von ihnen sind in direkter Linie mit uns verbunden, andere sind Arten, die irgendwann entstanden und nach einer Weile wieder verschwunden sind.

Menschenähnliche Arten haben schon seit mindestens zwei Millionen Jahren auf der Erde gelebt. Sie benutzten Speere und Werkzeuge und manche von den neueren Arten malten Bilder, fertigten Schmuckstücke an, beerdigten ihre Toten und konnten sprechen. Sie hatten also schon ziemlich viel Ähnlichkeit mit uns. Doch nur wir haben Ackerbau betrieben und Softeis und das Internet erfunden.

Es ist schwer zu sagen, warum nur wir das geschafft haben. Angeblich waren die anderen nicht so intelligent wie wir. Das ist gut möglich. Es kann aber auch sein, dass manche von ihnen superschlau waren. Nur auf eine andere Weise als wir.

Ein paar der Arten, die bei der Evolution des Menschen eine wichtige Rolle spielten oder einfach nur ganz witzig sind, will ich dir vorstellen.

10.1 Die Evolution des Menschen

Da ist zunächst einmal Ardi oder *Ardipithecus*. Ardi ist ein früher Vorfahr aller späteren Menschenarten gewesen. Ardi war also ein wichtiges Glied zwischen Affen und Menschen. Er lebte vor 4,5 Millionen Jahren und war 120 Zentimeter groß. Sein Gehirn wog etwa 300–350 Gramm. Er hatte lange Arme und ging sowohl auf zwei als auch auf vier Beinen.

Auf Ardi folgte *Australopithecus afarensis*. Der erste wurde 1974 in Äthiopien gefunden. Man nannte ihn »Lucy«, denn als die Forscher den Fund abends am Lagerfeuer feierten und Bier tranken, hörten sie den Beatles-Song »Lucy in the Sky with Diamonds«.

Australopithecus bedeutet »Affe aus dem Süden«, *afarensis* bedeutet, dass er in Afar gefunden wurde. Und Afar liegt in Äthiopien. Mit Australien hat er also nichts zu tun. Der *Australopithecus afarensis* ist vor 2,9 Millionen Jahren ausgestorben. Er war 110 cm groß und Vegetarier. Das kann man an der Form und der Abnutzung seiner Zähne erkennen. Wahrscheinlich aß er Insekten, aber hauptsächlich Gräser, dickblättrige Pflanzen, Früchte und Nüsse.

Am längsten existierte die Menschenart *Homo erectus* auf der Erde. Fast zwei Millionen Jahre lang lief er auf unserem

Planeten herum. Unsere eigene Art, *Homo sapiens*, existiert erst seit 300.000 Jahren.

Homo erectus war wahrscheinlich die erste »richtige« Menschenart auf der Erde. Sein Gehirn wog ca. 870 g. Er war ziemlich groß, etwa ein Meter achtzig. Ich glaube, ich hätte ganz schön viel Angst, wenn mir im Wald ein *Homo erectus* über den Weg laufen würde. Aber das kann nicht passieren, denn er ist vor 70.000 Jahren ausgestorben.

Besonders witzig finde ich den Hobbit, eine vor 50.000 Jahren ausgestorbene kleine Menschenart. Eigentlich heißen die Hobbit-Menschen *Homo floresiensis*. Sie wurden nämlich auf der indonesischen Insel Flores entdeckt. Wahrscheinlich stammen sie vom *Homo erectus* ab. Sie waren winzig klein (rund einen Meter) und brachten nur circa 25 kg auf die Waage – also richtig hobbitartig. Ich glaube, sie sahen ganz niedlich aus. Aber ob sie schüchtern oder neugierig oder lustig oder bissig waren, weiß man nicht.

Wenn sie es schafften, sie zu erlegen, aßen die Hobbit-Menschen übrigens Minielefanten (Stegodone). Die Stegodone auf Flores waren nur zwei Meter groß, aber bestimmt nicht ganz einfach zu erwischen. Aber manchmal glückte es, denn in den Höhlen der Hobbit-Menschen hat man Stegodon-Knochen gefunden. Minielefanten gibt es leider nicht mehr, aber das weißt du sicher.

Unser nächster Vorfahr ist der *Homo heidelbergensis*. Er heißt so, weil man seine Knochen in einer Sandgrube in der Nähe von Heidelberg entdeckt hat! Der *Homo heidelbergensis* entstand vor gut 600.000 Jahren und lebte etwa 400.000

Jahre lang in Europa. Er war etwa genauso groß und schwer wie wir und konnte wahrscheinlich sprechen. Später teilte er sich auf in den Neandertaler *(Homo neanderthalensis)*, den Denisova-Menschen (über den man noch nicht viel weiß) und den modernen Menschen *(Homo sapiens)*.

Die Neandertaler sind eine wirklich interessante Menschenart. Und es gibt viele Mythen über sie. Entdeckt wurde sie, wie ihr Name verrät, im Neandertal bei Düsseldorf. (Dort kann man das Neanderthal-Museum besuchen.) Das Gehirn des Neandertalers war größer als unseres (es wog 1.600 g). Sie stellten Schmuck her, schufen Höhlenmalereien und fertigten Werkzeuge an. Sie richteten sich in Höhlen ein und kochten Essen über dem Feuer. Und 99,7 % ihres Erbguts stimmt mit unserem überein! Sie hatten also sehr große Ähnlichkeit mit uns heutigen Menschen. Sie waren etwa 170 cm groß, hatten kurze Beine, waren bärenstark und lebten zu einer Zeit in Europa, als es hier ziemlich kalt war.

Man weiß nicht, warum sie vor 28.000 Jahren ausgestorben sind. Vielleicht lag es daran, dass sich das Klima änderte. Es wurde nämlich plötzlich um einiges wärmer in Europa. Und die Neandertaler waren an die Kälte gewöhnt. Vielleicht war es aber auch der *Homo sapiens*, der sie ausgerottet hat. Wir Menschen können ganz schön grimmig werden, wenn da plötzlich welche kommen, die uns ähnlich sehen, aber trotzdem anders sind als wir und die Sachen essen, die wir selbst gerne essen würden.

10.2 Homo sapiens

Homo ist das lateinische Wort für Mensch und *sapiens* bedeutet denkend. Der heute lebende Mensch ist durchschnittlich ein Meter siebzig groß und sein Gehirn wiegt 1.300 g. Er unterscheidet sich von den meisten anderen Menschenarten dadurch, dass er eine senkrechte Stirn, einen hohen, runden Schädel und ein Kinn hat. Wir haben ein ziemlich kleines, flaches Gesicht und sind eher dafür gemacht, auf der Erde herumzulaufen, als auf Bäume zu klettern. Und wir haben keine Knochenwülste unter den Augenbrauen, wie die Affen sie haben.

Ist es nicht komisch, dass die anderen Menschenarten (und die Affen) kein Kinn haben? Warum haben wir ein Kinn? Wozu brauchen wir es? Manche Wissenschaftler sagen, es wäre praktisch, eins zu haben, wenn man kauen will, manche meinen, ein Kinn wäre ein Vorteil, wenn man sprechen will. Ich weiß es nicht. Es kann auch sein, dass unser Kinn und unsere senkrechte Stirn signalisieren sollen: »Hey, ich bin kein *Homo heidelbergensis* und kein Neandertaler!«

Der Mensch wanderte von Afrika aus los und ließ sich überall auf der Erde nieder, außer am Südpol. Dort ist es nämlich einfach zu kalt und zu ungemütlich. Nach und nach fanden die Menschen heraus, wie man Äcker bestellt und Nutztiere hält, damit sie nicht ständig herumhetzen mussten, um Wurzeln und Larven und Beeren zu suchen.

Oder um ab und zu ein Tier aufzuspüren und mühsam zu erjagen.

Wenn man nicht so viel arbeiten musste, nur um satt zu werden, konnte man andere Sachen machen. Zum Beispiel Häuser bauen, über die Sterne nachdenken, Schach spielen oder was weiß ich was. Und nach und nach hat man all das erfunden, was es heute um uns herum gibt. Ich wohne mitten in Kopenhagen, und hier hat man so viel mit der Landschaft angestellt, dass ich über eine Stunde mit dem Rad fahren muss, um »hinaus in die Natur« zu kommen.

Wissenschaftler, die die menschliche Evolution erforschen, sind sich selten darüber einig, wie die unterschiedlichen Menschenarten genau miteinander verwandt sind. Da gibt es jede Menge Verwirrung und Uneinigkeit. Das liegt vielleicht daran, dass manche Arten sich aufteilten und jahrtausendelang an verschiedenen Stellen der Erde lebten. Dadurch sahen sie möglicherweise ein bisschen unterschiedlich aus, obwohl sie zur selben Art gehörten. Und das alles wurde noch komplizierter, weil verschiedene Arten manchmal miteinander Kinder bekamen. Und dann ist es plötzlich schwer zu bestimmen, wer wer ist.

Vielleicht kann man sagen, dass Neandertaler und *Homo sapiens* zur selben Art gehörten. Auf alle Fälle konnten sie gesunde, kräftige Kinder miteinander bekommen, obwohl sie ziemlich unterschiedlich aussahen.

Vor 70.000 Jahren wanderte eine *Homo sapiens*-Gruppe aus Afrika aus. Man glaubt, sie waren die Ersten, die hinaus in die Welt gezogen sind. Und kurz nachdem sie den afrikanischen Kontinent verlassen hatten, trafen sie ein paar

Neandertaler und bekamen Kinder mit ihnen. Das kann man erkennen, wenn man die DNA der Europäer untersucht.

10.3 Du

Ich kenne dich ja nicht persönlich, deshalb kann ich auch nichts Besonderes über dich schreiben. Aber ich kann mir einige Sachen denken – zum Beispiel, dass du ein Mensch bist. Aber ich weiß nicht, ob du nur einen Arm hast oder ob du dich vor Hunden fürchtest. Ich weiß nicht, ob du deine Oma vermisst oder ob sie dir ein bisschen auf die Nerven geht. Ich weiß nicht, ob dir mein Buch gefällt oder nicht.

Du kannst es ja selbst aufschreiben. Du bist der weltbeste Experte, wenn es um dich selbst geht. Du weißt, was du denkst und fühlst und wie du die Welt erlebst. Ich habe dir jede Menge darüber erzählt, was wir Menschen über die Welt wissen, seit der Zeit, als sie entstanden ist, bis heute, wo du hier sitzt und liest.

Du kannst zum Beispiel schreiben, was du am liebsten tust, was dich glücklich oder traurig macht. Du kannst aber auch über etwas anderes schreiben. Ich habe ja zum Beispiel noch nichts über Riesenfaultiere oder Kontinentalplatten oder Wale erzählt. Und nichts, was ich mir einfach ausgedacht habe. Das kannst du auch gerne tun. Du entscheidest.

10.4 Leben auf anderen Planeten

Jetzt haben wir gesehen, wie die Sonne und die Erde aus Atomen und den vier Formen von Energie, die es im Universum gibt, entstanden sind. Und wir haben gesehen, wie auf unserer Erde das erste Leben entstanden ist. Leben, das über vier Milliarden Jahre existierte, bevor eine Art entstand, die herausfand, dass es Atome und Galaxien gibt, und die nützliche Dinge wie Toilettenpapier erfunden hat.

Dann ist da noch die Frage, ob es Leben an anderen Orten im Universum gibt. Es wäre sehr, sehr verwunderlich, wenn es keines gäbe. Ich glaube, dass es nach den Naturgesetzen, die man aus der Physik und Chemie kennt, beim Ablauf chemischer Prozesse immer eine Chance gibt, dass Leben entsteht. Aber vielleicht wäre dieses Leben so anders als das Leben hier auf der Erde, dass wir gar nicht erkennen würden, dass es sich um Leben handelt, selbst wenn wir es direkt vor der Nase hätten.

Und wenn das Leben auf unserer Erde nicht nur ein Mal, sondern mehrmals entstanden wäre? Vielleicht gibt es auf der Erde Leben, das völlig anders ist als das Leben, mit dem wir vertraut sind? Vielleicht sehen wir es nicht, weil wir es nicht als Leben erkennen? Vielleicht sieht es aus wie ein Kristall oder wie ein Stein. Oder wie etwas ganz anderes. Vielleicht lebt es Tausende von Jahren, vielleicht lebt es nur eine Minute?

Ich glaube nicht, dass es so ist, sonst hätten wir es längst entdeckt. Aber man kann nie sicher sein.

Man hat Unmengen von Planeten im Umkreis ferner Sterne entdeckt. Aber einer davon ist besonders interessant. Seine Sonne heißt Proxima Centauri. Der Planet selbst heißt Proxima Centauri b. Er ist nur 4,2 Lichtjahre von uns entfernt und hat dieselbe Größe wie die Erde. An dem Abstand zwischen dem Planeten und seiner Sonne kann man erkennen, dass die Temperaturen dort ähnlich sein müssten wie auf der Erde. Deshalb glaubt man, dass es dort Leben geben könnte. Und jetzt macht man Pläne, eine unbemannte Raumsonde zum Planeten Proxima Centauri b zu schicken. Die Raumsonde soll sich mit 60.000 km/s fortbewegen, das sind 216 Millionen km/h!

Wir Menschen haben großes Interesse daran, zu erfahren, ob es an anderen Stellen des Universums Leben gibt. Ich würde das auch sehr gerne wissen. Ich kann mir, wie gesagt, auch vorstellen, dass es Leben an uns bekannten Orten gibt, ohne dass wir es bemerken. Aber ich bin mir nicht so sicher, ob wir dafür jemals Beweise finden werden.

11. Kapitel

Die Moleküle des Lebens

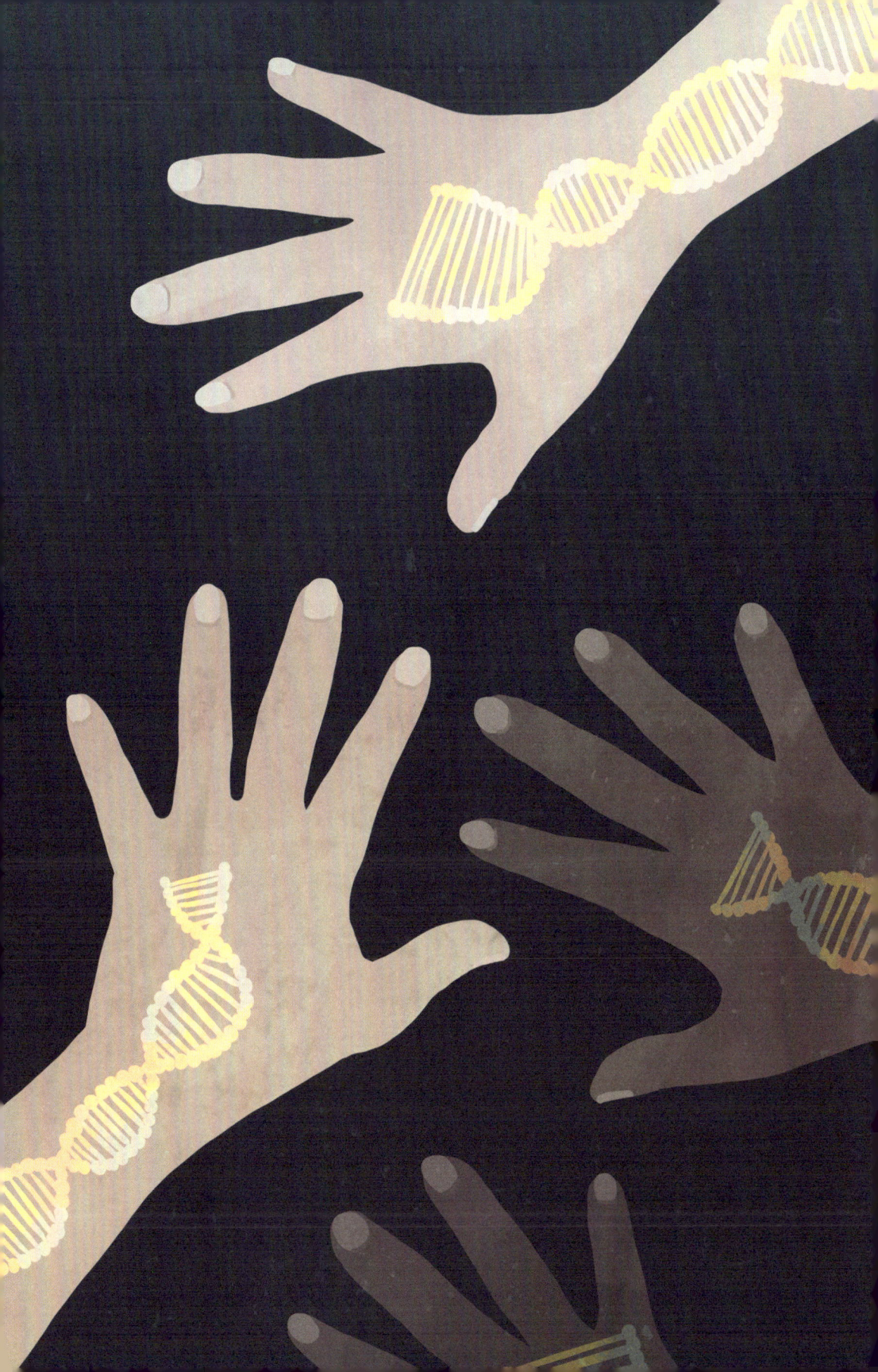

In Kapitel 2 habe ich dir etwas über Atome erklärt und dass alles aus Atomen gemacht ist. Auch du und ich. Die Atome, die sich in unserem Körper befinden, sind so aufgebaut, dass wir Fahrrad fahren, schlafen, duschen, lachen und all die anderen Sachen tun können, die Menschen so machen.

Wenn mehrere Atome zusammenhängen, bilden sie ein Molekül. Und wenn Moleküle aufeinandertreffen und Atome austauschen, nennt man das einen chemischen Prozess. Leben ist Chemie.

Du bestehst aus Molekülen, aber du lebst, weil in deinem Inneren Chemie abläuft. Davon habe ich in Kapitel 9 schon gesprochen. Jetzt will ich dir mehr darüber erzählen, was es mit diesen Molekülen auf sich hat.

11.1 Proteine

Ohne Proteine gäbe es kein Leben. Wenn man sich einen lebenden Organismus auf der Erde ohne Proteine vorstellt, ist es so, als hätte man ein Auto ohne Motor, ohne Lenkrad, ohne Karosserie. Ohne Proteine hättest du keine Haut und keine Muskeln, du könntest nicht essen, du könntest nicht denken, du hättest keine Augen, du könntest nicht schmecken, riechen oder fühlen. Kurz gesagt: Du würdest nicht leben. Und das würden ein Bakterium und ein Flamingo auch nicht.

Ich erforsche seit vielen Jahren Proteinmoleküle. Wir wissen nämlich längst nicht alles über sie, aber zum Glück haben wir mittlerweile schon eine ganze Menge herausgefunden.

In lebenden Organismen gibt es zwei Arten von Molekülen, die man als die wichtigsten bezeichnen kann. Das sind die DNA und Proteine. Irgendwann vor etwa vier Milliarden Jahren entstand Leben, das DNA und Proteine enthielt. Und das hatte eine riesengroße Bedeutung für die Landschaftsformen und das Klima unserer Erde.

Dänemark besteht zum Beispiel aus den Überresten von Tieren und Pflanzen. Und aus Sand. Aber großteils aus Kreide und Erde, und beides ist aus toten Tieren und Pflanzen entstanden.

Das Klima veränderte sich sehr stark, als Algen Energie von der Sonne erhielten und Sauerstoff bildeten. Es entwickelten sich Organismen, die Sauerstoff auf ähnliche Weise wie wir nutzten, wodurch die beiden Treibhausgase CO_2 und Methan erzeugt wurden. Das führte zu gewaltigen Klimaveränderungen.

Proteine sind überall. Deine Haare bestehen aus Proteinen und auch deine Fingernägel und die Linse deines Auges. Proteine in deinem Auge fangen das Licht ein und informieren dein Gehirn darüber, was du siehst. Proteine sind außerdem die Grundlage für Schlangengift, Eiweiß, Spinnweben, Insektenpanzer und -flügel, Speichel, Muskeln, Federn und noch viel, viel mehr.

Einige Proteine, die man Enzyme nennt, können Moleküle aufspalten oder verbinden. Sie spalten dein Essen auf, dann kommen andere Proteine und verbinden sich mit den lebenswichtigen Molekülen aus deiner Nahrung und transportieren sie in dein Blut. Enzyme und andere Proteine bauen die Nahrungsmoleküle für dich um und schicken sie in

deinen Blutkreislauf, damit du leben kannst. Mit anderen Worten: Proteine werden praktisch für alles gebraucht!

Proteinmoleküle sind in gewisser Weise ziemlich gleichartig. Sie sind so ähnlich aufgebaut wie eine Perlenschnur. Es gibt 20 verschiedene Perlen. Man nennt sie Aminosäuren.

Einige Proteine bestehen aus 50, einige aus 50.000 Aminosäuren. Die meisten Proteine haben zwischen 300 und 600 Aminosäuren. Wenn du 400 Perlen auf eine Schnur ziehst, kannst du die Perlenschnur in einer geraden Linie auf den Küchentisch legen. Mit Proteinen geht das nicht. Die verschiedenen Perlen verhalten sich so, dass die Kette sich zusammenfaltet und einen Klumpen bildet. Als würde man ein Gummiband zusammenzwirbeln.

Der Klumpen, zu dem sich das Protein zusammenfaltet, ist kein Zufallsprodukt. Proteine mit demselben Perlenmuster falten sich auf dieselbe Weise zusammen und sind gleich.

Es gibt auch Proteine, die sich nicht zusammenfalten. Die sind ein bisschen wie gekochte Spaghetti. Ich arbeite in einem Labor, wo wir herausfinden wollen, wie diese »Spaghetti-Proteine« funktionieren.

11.2 DNA

Alle Organismen brauchen nicht nur Proteinmoleküle, sondern auch DNA. Wie ich in dem Abschnitt über die Evolution (9.3) erklärt habe, ist die DNA unser Erbgut. Veränderungen im DNA-Molekül sind der Motor der Evolution. DNA ist also ein ungeheuer wichtiges Molekül. Ein Computer ohne Speicher und Programmcode ist kein Computer. Ein Organismus ohne Erbgut ist kein Organismus.

Alle Organismen brauchen also DNA als Speichermedium. Dieser Speicher enthält alle Informationen, die der Organismus braucht, um zu diesem bestimmten Organismus zu werden und um die molekulare Maschinerie in seinem Innern zum Laufen zu bringen, damit er leben kann.

Alle Zellen in deinem Körper enthalten DNA. Als du ganz klein und im Körper deiner Mutter warst, hast du nur aus ganz wenigen Zellen bestanden. Deine Zellen teilten sich und du bist gewachsen. Einige Zellen wurden zu deiner Wirbelsäule, einige zu Hautzellen, einige zu Leberzellen. Das, was da passierte, ist sehr, sehr kompliziert. Und keiner versteht so richtig, wie es funktioniert, dass es mit einer Zelle anfängt und dass am Ende so etwas wie du und ich dabei herauskommt. Doch alle Informationen darüber liegen in unserer *Desoxyribonukleinsäure*, kurz DNA. DNA ist die Abkürzung für den englischen Namen *deoxyribonucleic acid*.

DNA ist ein unglaublich tolles Molekül. Sie ist wie eine Leiter, die eine Spirale bildet. Sie hat vier Bausteine. Wir nennen sie A, T, C und G, weil sie Adenin, Thymin, Cytosin und Guanin heißen. Jeder dieser Bausteine ist eine halbe Leiterstufe. Zwei gegenüberliegende Bausteine bilden eine ganze Leiterstufe. A hängt immer mit T zusammen und C mit G. Die Stufen sind das, was wir den DNA-Code nennen. In deiner DNA gibt es sechs Milliarden Stufen.

DNA enthält Unmengen Informationen über viele verschiedene Sachen. Es würde ein sehr dickes Buch werden, wenn ich über all das schreiben würde. Also nenne ich stattdessen lieber ein paar Beispiele. Wenn du mehr darüber wissen willst, kannst du es dir ja später ein paar Jahre an der Uni gemütlich machen und darüber forschen.

Der DNA-Code bestimmt, wie alle Proteine aussehen. Es gibt wie gesagt 20 verschiedene Aminosäuren. Das sind die, die ich im vorigen Abschnitt Perlen genannt habe.

Der DNA-Code bestimmt nicht nur die Aminosäuren-Zusammensetzung der Proteinmoleküle. Er bestimmt auch, welche Proteine wann gebildet werden sollen! Wie kann ein Molekül einen Code enthalten, der das hinbekommt? Das ist völlig abgefahren! Und genau wie bei den Proteinmolekülen und dem Universum gibt es sehr viel, was wir wissen – und noch mehr, was wir nicht verstehen, wenn es um die Frage geht, wie DNA und Proteine zusammenarbeiten, damit Eichen und Champignons und Haie entstehen können.

Es gibt sogar Proteine, die Start- und Stopptasten »lesen« können. DNA ist nichts ohne Proteine, die sich mit ihr verbinden und den Code ablesen können. Und DNA und Proteine wären nichts ohne eine Zelle, in der sie sein können. Darüber hinaus muss es alle möglichen anderen Moleküle geben. Sonst funktioniert das Ganze nicht. Deshalb ist es sehr schwer zu sagen, was das Wichtigste ist. Alles zusammen ist das Wichtigste!

12. Kapitel

Die Wirklichkeit

Hast du schon einmal darüber nachgedacht, was die Wirklichkeit eigentlich ist? Wir können Dinge sehen, riechen, hören und fühlen. Das können wir, weil es ein Vorteil für unsere Art *Homo sapiens* ist, dass wir Nahrung finden und hören können, wenn unsere Eltern uns rufen, und so weiter. Aber wir können nur das wahrnehmen, was für unser Überleben von Vorteil ist. Alles andere würde unser Hirn nur mit völlig nutzlosen Eindrücken überfluten. Deshalb ist die Wirklichkeit, die wir wahrnehmen, nur ein kleiner Teil von dem, was es gibt.

Wir meinen zum Beispiel, dass wir die Wirklichkeit sehen können. Aber das stimmt nicht so ganz. Wir können nur einen winzig kleinen Teil von all dem Licht sehen, das es gibt. Licht hat unterschiedliche Wellenlängen. Rotes Licht hat längere Wellen als blaues. Aber es gibt Licht, das viel längere Wellen hat als das rote Licht – und Licht, das viel kürzere Wellen hat als das blaue Licht. Und all dieses Licht können wir nicht sehen. Wenn wir es sehen könnten, wäre es auch in der Nacht hell. Aber wir hätten keinen Nutzen davon. Es sehen zu können, wäre eine Verschwendung von Hirnleistung.

Unsere Wirklichkeit ist also das, was unser Gehirn aus dem erzeugt, was wir wahrnehmen. Es erzeugt Bilder, die nicht unbedingt genau stimmen. Zum Beispiel sind die Augen des Menschen, wenn man nachmisst, in der Mitte des Kopfes. Über den Augen befindet sich also ein ebenso großer Teil des Kopfes wie darunter. Doch wenn man einen Menschen zeichnen soll, dann zeichnen die meisten Leute die Augen so, dass darunter viel mehr Platz ist als darüber.

Das liegt daran, dass das Gesicht für uns ungeheuer wichtig ist. Wir erhalten Signale von den Lippen und Wangen und Augen – Signale, die uns Hinweise darauf geben, wie es dem anderen Menschen geht und was er uns mitzuteilen versucht. Wenn wir einen Kopf ansehen, nehmen wir ein verzerrtes Bild wahr, weil es vorteilhaft ist, Informationen auszufiltern, die wir nicht brauchen.

Hast du den Mond auch schon einmal riesengroß und rötlich über dem Horizont stehen sehen? Er sieht toll aus, wenn er so groß ist. Im Lauf der Nacht steigt er am Himmel auf und wird kleiner. Aber das stimmt gar nicht. Dein Gehirn gaukelt es dir nur vor.

Versuch beim nächsten Mal, den Durchmesser des Mondes mit einem objektiven Messgerät zu messen: mit einer Kamera. Du stellst dich an einen festen Punkt und machst ein Foto vom Mond, wenn er groß und schön über dem Horizont steht. Dann wartest du eine halbe Stunde und machst ein neues Foto. Und jede halbe Stunde ein weiteres, so lange, wie du dich wach halten kannst. Für die Wissenschaft muss man eben manchmal Opfer bringen! Dann schaust du dir die Fotos auf einem Computer mit möglichst großem Bildschirm an und misst den Durchmesser des Mondes auf den verschiedenen Bildern. Ich wette, der Durchmesser ist immer derselbe. Und das verrät uns etwas darüber, was das Gehirn mit den Signalen anstellen kann, die es durch unsere Sinnesorgane (Augen, Ohren, Nase, Zunge, Haut) erhält.

Die Naturwissenschaft versucht, die ganze Welt zu verstehen, ohne sich vom Gehirn austricksen oder von Mythen und Vorurteilen beeinflussen zu lassen. Die Naturwissenschaft versucht, auch das zu verstehen, was unmöglich zu verstehen ist. Ja, das klingt ein bisschen dumm, aber es hat etwas damit zu tun, was Verstehen bedeutet.

Es fällt uns leicht zu begreifen, wie ein Fahrrad funktioniert. Wir können jedes einzelne Teil sehen und verstehen, wozu es da ist. Aber ein Atom werden wir niemals verstehen. Unser Gehirn ist nicht in der Lage, etwas zu erfassen, das so anders ist als das, was wir in unserer eigenen Welt gewohnt sind zu begreifen.

Wir können ein Modell von einem Atom bauen. Wir können es mit hochkomplizierter Mathematik beschreiben und wir können Experimente machen, um herauszufinden, wie groß es ist oder was auch immer. Aber wirklich verstehen können wir es nie. Genauso wenig wie die Galaxien und das Leben selbst.

Vielleicht hast du das Gefühl, dass du manches in diesem Buch nicht ganz verstanden hast. Mach dir nichts draus! Ich sollte mich ärgern, denn dann habe ich es wohl nicht gut genug erklärt. Aber es kann gut sein, dass du es doch verstanden hast. Man kann Dinge nämlich auf unterschiedlichen Levels begreifen. Wie bei den Levels in einem Computerspiel.

Eine Physikerin, die auf dem Gebiet der Quantenmechanik forscht, sollte so fit in Mathe sein, dass sie die Mathematik bei ihrer Forschung kreativ nutzen kann. Du und ich forschen nicht in der Quantenmechanik (noch nicht), deshalb bedeutet »Verstehen« für uns, dass wir die Idee hinter der Quantenmechanik begreifen und die Welt akzeptieren, die durch sie beschrieben wird, und dass wir unter anderem wissen, dass in der Quantenwelt etwas ein Teilchen und gleichzeitig eine Welle sein kann.

Wissenschaftler beobachten die Welt, machen Experimente und sagen am Ende, sie hätten nun dies oder jenes herausgefunden. Das bedeutet nichts weiter, als dass sie ein Modell davon entwickelt haben, wie der Teil der Welt, den sie untersucht haben, funktioniert. Dabei kann es darum gehen, wie das Eichhörnchen seine Nüsse wiederfindet oder wie sich die Atome in einem Molekül bewegen. Aber eines Tages kommen andere Wissenschaftler und stellen fest, dass das Modell nicht ganz richtig ist. Sie machen neue Experimente, deren Ergebnisse nicht zu dem alten Modell passen. Und dann wird das alte Modell umgebaut. Und so geht es immer weiter. Denn was wir nicht wahrnehmen können, werden wir nie ganz verstehen.

Darüber könnte man vielleicht ein bisschen sauer sein, aber das bin ich nicht. Mir macht es Riesenspaß, rätselhafte Dinge zu untersuchen und sie am Ende etwas besser zu kapieren. Einen kleinen Teil des Rätsels zu lösen. So ist das, wenn man forscht: Es gibt Momente, in denen man etwas versteht, das vorher noch kein anderer verstanden hat. Man sieht etwas, das kein anderer vorher gesehen hat. So ähnlich wie die ersten Spuren in frisch gefallenem Schnee.

Ich habe dir vom Urknall, von der Geburt der Galaxien und der Entstehung von Sonne und Erde erzählt. Vom Ursprung des Lebens, von der Entwicklung des Menschen und der Relativitätstheorie und anderen Dingen. Jetzt ist das Buch fast zu Ende und bald gibt es hier nichts mehr zu lesen. Aber die Geschichte der Welt, wie sie uns die naturwissenschaftliche Forschung vermittelt, endet nie. Das Ergebnis der naturwissenschaftlichen Forschung ist nämlich nicht die Wahrheit. Es ist nur die einfachste Erklärung für das, was wir beobachten können

Nehmen wir als Beispiel die Evolutionstheorie. Sie ist selbst für Biologen und Biochemiker ziemlich schwer zu verstehen. Trotzdem ist die Evolutionstheorie die einfachste Erklärung dafür, wie sich lebende Organismen in der Natur gegenseitig beeinflussen. Und die einfachste Erklärung für die unterschiedlichen Lebensformen an verschiedenen Orten und zu verschiedenen Zeiten. Trotzdem wird die Evolutionstheorie ständig überprüft und geändert. Es kommen dauernd neue Erkenntnisse dazu, durch die »die einfachste Erklärung« detaillierter und komplizierter wird. Wir verstehen nur einen kleinen Teil von dem Motor, der die Evolution antreibt und das Leben auf unserem kleinen Planeten in Gang hält. Die Wahrheit? Das ist etwas, das Diktatoren und fanatische Priester für sich gepachtet haben.

Die Welt, von den größten Galaxienhaufen bis zu den Muskeln einer Kellerassel und verschränkten Elektronen, ist voller Rätsel. Ich finde es super, zu erleben, wie wissenschaftliche Rätsel gelöst werden. Vielleicht wirst du ja eines Tages einige davon entschlüsseln! Lass deiner Neugier freien Lauf! Nichts ist zu groß und nichts ist zu klein. Ich wünsche dir viel Spaß! Und danke, dass du mein Buch gelesen hast!

Danksagung

Als Erstes geht ein riesiges Dankeschön an Daisy Lykkeberg, die das Manuskript geduldig gelesen, korrigiert und mit mir besprochen hat. Ohne sie wäre ein großer Teil des Buches vollkommen unverständlich geworden. Danke an Oswald G. Møller für die technische Hilfe beim Manuskript. Ein großes Dankeschön an die Lektorin Pernille Wass für ihre Korrekturen und hilfreichen Anregungen. Dank an den Paläontologen Bent Erik Kramer Lindow für die Hilfe beim paläontologischen Kapitel 9.7. Danke an die Astronomin Anja C. Andersen für den Hinweis auf ein paar unglückliche Formulierungen in den Kapiteln 3, 4, 5 und 6, die mir einige Lacher aus Physikerkreisen eingebracht hätten. Die Verantwortung für eventuelle Fehler und merkwürdige Formulierungen, die bestimmt noch im Buch zu finden sind, liegt allein bei mir.

Während ich das Buch geschrieben habe, hat man viele wichtige Dinge über die menschliche Evolution, Galaxien, Dinosaurierstammbäume und andere Dinge herausgefunden. Oft musste ich das Manuskript berichtigen, weil neue Forschungsergebnisse die alten Vorstellungen über den Haufen geworfen haben. Das macht deutlich, dass die naturwissenschaftliche Geschichte der Welt sich immer wieder verändern wird. Die Naturwissenschaft vermittelt nicht die Wahrheit. Sie vermittelt ein Bild von der Welt, das auf dem Hintergrund von Beobachtungen entstanden ist. Mehr nicht.